簡單思考

森川亮
首度公開網路時代成功術

莊雅琇・譯

シンプルに考える

CONTENTS 目錄

第2章　發揮自己的「感性」

CONTENTS 目錄

第4章 不需要「大人物」

CONTENTS 目錄

CONTENTS 目錄

前言

對公司而言，最重要的是什麼？

利潤？員工福利？品牌？戰略？商業模式？

我認為以上皆非。這幾項當然重要，但並不是**最重要**的，到底什麼才最為重要？

我的答案很簡單。

「不斷推出熱門商品」，僅此而已。

不斷推出熱門商品的公司業務蒸蒸日上，無法推出熱門商品的公司關門倒閉。古往今來，決定成功與否的關鍵，就是這項簡單的法則。不論是「利潤」、「員工福利」或「品牌」，全是研發出熱門商品所帶來的結果，如果沒有熱門商品，「戰略」及「商業模式」不過是紙上談兵。因此，商業的本質只有一個：「持續提供使用者真正想要的產品。」

該如何做到這一點呢？

答案也很簡單。

只招募充滿熱忱及能力、能夠滿足使用者需求的員工，並且為他們打造一個無拘無束、得以將自身能力發揮到極致的環境。僅此而已。

只做必要之事，捨棄無用之物。

我至今所做的，便是貫徹這一點。

想得簡單一點——這是我的信念。

或許可以說，我不想給自己太多煩惱。

所謂煩惱，就是在不知不覺間陷入「那個很重要，這個也很重要」的困境，結果什麼也決定不了，無法採取任何行動。也可能像「多頭馬車」每件事都做，反而把力量分散掉。人充其量一次只能做一件事，想要展現成果，就必須全心投注在某一件事，不可以三心二意。

重點在於「思考」。人之所以會煩惱，就是被表面的價值所惑。因此，一定要絞盡腦汁思考「本質是什麼？」找到核心關鍵後，就要捨去其他事物。人如果不想得簡單一點，就什麼都完成不了。

公司也是一樣。

既不可以犯下愚蠢錯誤，把表面的價值當作本質；也不可以讓「那個很重要，這個也很重要」這種想法分散有限的人才、資金、時間等資源，應該全心投注在「滿足使用者的需求」這項本質上。我認為只有這麼做，才是讓事業成功的方法。

擔任LINE公司的社長時，我便下定決心：「規則只有一項，年齡、職經歷、職務都不拘，由充滿熱忱及能力、能夠滿足使用者需求的人來主導，比其他公司早一步推出高品質的產品。」

打造出那樣的環境後，我也徹底摒除了會造成干擾的想法。不要受制於過去在ＭＢＡ或閱讀經營書籍時學到的事物和一般常識，而是在不斷嘗試錯誤的過程中，全心追求「實質」。於是，我訂出了下列方針。

- 不必競爭
- 不規劃願景
- 不需要計劃
- 不必共享資訊
- 不需要大人物
- 不必提高士氣
- 成功就是不斷捨棄
- 不追求差異化
- 不以創新為目標
- 經營不是管理

或許有人會很驚訝，的確，上述幾點都有違過往的常識。

但是LINE的開發團隊現在依然實踐這些方針。正因為如此，他們才能在短時間內，就讓LINE發展成擁有全球數億名使用者的跨國服務平台。

我在二〇一五年三月三十一日，將LINE公司的社長一職交棒給後進。

我曾經服務於日本電視台、索尼（SONY），並在二〇〇三年進入LINE公司的前身HanGame Japan公司，當時它是一家約有三十名員工的虧損公司。我那時候僅是一名三十六歲的普通職員，轉職來到這家公司後，年收入只有過去的一半，但我認為，HanGame Japan這家成立約三年的年輕公司，並不像一般大企業那樣受制於公司內部的阻礙，既沒有資金又沒有品牌號召力，有的僅是「熱情」與「智慧」，不正可以盡情追求「當前社會需要的事物」或「新事物」嗎？現在我仍十分懷念當年和夥伴不顧一切拚命工作的情景。

此後過了十二年。

我在這段期間經歷了多次失敗。

儘管努力裝得樂觀開朗，但是夜晚卻因為焦慮而輾轉難眠，也曾因為結果不如預期，而和下屬一起抱頭痛哭。

不過，從失敗中可以學到不少教訓。不，應該說，只有徹底苦思過「為什麼會失敗？」才能逐步接近商業的本質。我就是這樣不死心的一步一步走下去，才終於走到如今的境地。這十二年來的經驗，是我一輩子的財產。

趁著這回卸下社長一職，我希望能把過往的人生經驗、學到的種種與心中的想法，和更多商業人士分享，因而寫了這本書。書中同時記錄了這些年透過自己的簡單思考，實際摸索出做好工作，且在商業上獲致成功的重要關鍵。對將來感到茫然不安的年輕朋友，或者擔憂公司前途的經營者，或許可以從本書得到一些啟發。

當然，我還是後生晚輩，懇請各界不吝給予批評指教。如果能和更多人深入探討本質上的議題，對全球經濟發展略盡棉薄之力，將是我莫大的喜悅。

森川亮

第1章

商場不是「戰場」

1

「熱忱」才是成功的要件

帶著使命感，極力滿足使用者的需求

我永遠忘不了那一幕。

二〇一一年三月底——

東日本大地震過後，我以員工的安全為優先考量，決定關閉東京辦公室，經營團隊轉移到福岡辦公室繼續工作，同時也持續確認員工的安危。兩個星期後，地震造成的混亂逐漸恢復正常，我們認為應該重新回到東京辦公室展開業務，那一幕就是當時發生的事。

老實說，我很擔心大家在大地震過後會心力交瘁。不過，這完全是杞人憂天，所有人似乎早已迫不及待，開始全神貫注地工作，我不禁看得目瞪口呆。

其中包括負責LINE企劃案的成員。二〇一〇年底，為了執行開發智慧型手機專屬服務的提議，公司挑選出少數幾個人，組成菁英團隊。他們根據市場調查的結果，反覆研究「智慧型手機使用者需要的服務是什麼？」最後嚴格篩選出遊戲、分享照片、通訊三大主題，再決定針對其中一項展開企劃。

就在此時，日本發生了大地震。他們深入探討與分析自己在地震時的經歷，確定目前最需要的服務是「封閉式通訊」，於是立刻著手開發名為「LINE」的通訊應用程式。

想必他們在地震過後，都曾費盡心思確認親朋好友的安危，想盡辦法利用電話、電子郵件、社群網站等各種方式聯繫親友，因此深刻體會到，我們服務的對象不該只是部分網路素養高的使用者，需要開發一個任何人都能得心應手、方便好用的通訊服務。

正因為如此，他們對社會上迫切需要的服務有了明確概念，大家不願浪費一分一秒，想盡快讓它具體成形，提供給使用者……我想，他們應該是受到這股使命感的驅使吧！許多成員幾乎沒有回家，全心投入在工作上。如今想想，就是這股熱忱，造就了LINE的成功。

我完全不干涉他們的方針及目標，因為這麼做毫無意義。身為社長，我該做的就是把工作交給學有專精的人，並由他帶頭，召集需要的人才全力以赴，我的意見只會干擾他們。

換句話說，他們就是足球場上一面運球一面朝著目標全力衝刺的前鋒。站在球場外的我，指示他們「用右腳踢！」、「快射門！」有任何意義嗎？球員根本聽不進去，而且也不應該聽，因為聽了就會讓攻勢中斷。再說，決定是否射門靠的是「動物本能」，抓準千鈞一髮的時機，立即射門。前鋒必須全神貫注才能掌握到那一瞬間，不可以受到無謂話語的干擾。

而我的工作便是替他們除去干擾。為他們準備所需的一切，從旁守護他們的熱忱，正是我最大的使命。

我的理想很簡單。

現場的工作人員極力滿足使用者的需求。

經營者則努力維持良好環境，讓第一線全心投入工作。

這就是我長年以來描繪的理想，而ＬＩＮＥ就在如此理想的環境下誕生。

2

商業的本質是什麼？

「需求者」與「供應者」的生態系統

當前的世界正在劇烈改變。

技術革新的速度極為驚人，商業環境持續瞬息萬變，許多過去獲致成功的商業模式都遭到推翻，大家甚至無法預料，目前的工作在五年後、十年後是否還存在，而我們就活在這樣的時代。

看不到未來……

不知道何去何從……

每個人心裡應該都有這種不安吧！

當然，我也一樣。

尤其是對網路工作者來說，這個變化劇烈的環境，就連三個月後的情況也難以掌握。因此，不用說事業進展不如預期的那段時期，即使LINE已經走紅，心裡的不安依然揮之不去，「不知道明天會發生什麼事……」不只是我，許多員工都這麼想。

不過，我不會刻意消除這份不安。

老實說，是因為不知道明天會發生什麼事，所以也無從消除心底的不安。這個時候，更重要的是接受眼前的現實，並視之為理所當然，坦然的接受這一切。正因為心中不安，才會盡力用自己的方式預測未來，並且做好準備，發生事情時才能及早採取應變措施。焦慮不安，也是有其用處。

反過來說，最危險的就是茫茫然地只追求安穩。

只要任職於大企業，就能一輩子高枕無憂。

只要遵從權威說的話，一切就沒問題。

只要能出人頭地，就能安穩度日……

我認為這才是最危險的人生態度。

因為它悖離了商業的本質。

什麼是商業？

其實很簡單。

需求者與供應者的生態系統（Ecosystem）——這就是商業的本質。

為肚子餓的人端出好吃的菜餚。

在寒冷的冬天供應溫暖的衣服。

為閒得發慌的人提供輕鬆的遊戲。

不論做什麼都好，能夠滿足人們需求的人，在任何時代都能生存下來。這就是商業的唯一原則。

重點在於擁有瞭解人們真正需求的能力，並且不斷磨練技術，將它具體實現。當人們的需求產生變化時，也能迅速察覺，立即推出新的商品。

除了全心投入這個課題，我不認為還有什麼方法可以擺脫不安。

只要在大企業工作、只要跟隨權威、只要出人頭地……

只顧傻傻地追求一份安穩，總有一天會被這個生態系統淘汰，自然法則不就是如此嗎？

3

商場不是「戰場」

該在意的不是敵手，而是使用者

對我人生影響最大的是音樂。

是母親讓我與音樂結下不解之緣。我曾經在小學時期加入棒球隊，但並不是很喜歡，於是母親為我報名參加合唱團的甄選。大概是聽到我在家裡唱歌，讓她覺得：「這孩子唱得還不錯嘛！」

或許是母親希望我能更有自信。

事實上，我那時候常常生病，罹患嚴重的異位性皮膚炎，全身長滿濕疹，有一段時間，我甚至得在頭上纏著繃帶去上學。有的同學因此替我取了「木乃伊男」的綽號，讓我每天都很難受，心想：「我這輩子就只能當個木乃伊男了吧……」母親或許察覺到我的心思，所以想要幫我找出自己的長處。

我聽母親的話參加甄選，也很幸運地錄取了，從此便在合唱團裡接受正式訓練。不但有機會參加各種比賽與活動，還上過電視節目，替當時非常受歡迎的Pink Lady合音。

就這樣，我一頭栽進了音樂的世界。音樂和運動不一樣，不必與人競爭。拚命練習之後，聽眾若是喜歡，所有人都會感到開心，自己也能獲得鼓舞，我就是愛上了這樣的音樂。

所以我一直沒有放棄音樂。後來因為變聲的關係，轉而專注練習打鼓。我在國中、高中都有參加樂團，大學時代甚至因為想當一名職業爵士鼓手，而不斷練習鼓技。即使後來成了上班族，依然會抽空打鼓，和朋友們一起享受演奏的樂趣。在我的人生當中，音樂的影響極為深遠。

我認為，商業的本質跟音樂很相近。

舉例來說，公司就像一個樂團。有的人歌唱得好、有的人吉他彈得棒、有的人鋼琴演奏極出色……樂團便是聚集了各部分的好手，同心協力演奏出美好的音樂。一旦有了精彩的演出，不僅成員樂在其中，聽眾（使用者）也會心滿意足，所有人都能開開心心的。

想醞釀出好的音樂，關鍵就在正視問題：「聽眾想聽什麼樣的音樂？」、「該如何演奏才能滿足聽眾的需求？」因此，不僅成員之間的競爭毫無意義，也沒必要和其他樂團競爭。每一個人練好自己負責的樂器，並和其他成員們完美結合，自然能取悅聽眾，這就是我心目中的音樂。

當然，現實生活中的商業免不了與人競爭。

一旦其他公司推出精良的商品，而自己卻拿不出足以超越它的產品，便會失去競爭力；研發的腳步若是比其他公司慢，就會居於劣勢。這是一場競爭，同時也是戰鬥，但我不認為這是商業的本質。

如果把它視為商業的本質，就會誤入歧途，因為這樣會與使用者的需求漸行漸遠。

「要從競爭者手中奪取市占率」、「價格要比競爭者更低」、「獲利率要比競爭者高」……只顧著與別人競爭，眼裡便只剩下競爭者，忽略了使用者的存在，勝過競爭者反而成了最終目標。但使用者根本不在乎這些，他們只想聽「好的音樂」。

所以我不認為商業是一場競爭。

比起在競爭中勝出，更應該單純地為使用者著想，全心全意創造出真正滿足使用者需求的事物，最後自然會贏得勝利。

4

經營不是「管理」

自由才是創新之本

激不起創新的火花。

我認為這是日本經濟最大的問題。

於是，許多公司為了創新，祭出各種措施，但目前面臨的窘境，便是這些措施始終沒有多大成效，有些經營者甚至大嘆「孤掌難鳴」。

為什麼會這樣呢？

我覺得問題出在經營方式。

「經營就是管理」這種固有觀念阻礙了創新。換句話說，根本問題出在經營者想要滴水不漏的控管員工的活動，導致員工根本無法發揮自己的長處。

戰後的日本企業，確實透過高度的「經營管理」創造了非常好的成績。不過，我認為這種方式只有在大量生產、大量消費的世界才能順利運作。不斷改進前人創造的產品，同時經由嚴格的品質管理與工程管理，持續生產品質優良的產品。在這樣的世界，管理的確非常重要。

然而，時代已經改變。如今愈來愈重視創新，勢必要拋開「經營就是管理」的觀念。

那麼，創新需要的是什麼？

我從過去的索尼找到了答案。

各位都知道，索尼這家公司醞釀出許多有創意的想法。他們之所以能做到這一點，原因便是我前面提到的「自由」。索尼允許優秀的工程師利用空閒時間，以及公司的資源，自由研發自己感興趣的技術，據說隨身聽就是這樣誕生的。

不僅如此，一旦研發出有潛力的技術，工程師們會根據自己的判斷，向各個單位或關係企業做簡報。如果雙方一拍即合，工程師就可以為了創造新產品及服務，申請調到該單位或成立新公司。

帶動這一切的並不是「管理」，而是出色的生態系統，也就是讓優秀員工自由活動，只要與他們的理念產生共鳴，就能彼此合作。我認為這種生態系統才是創新之本。

LINE公司裡也有這種生態系統。

如果以運動來比喻，相較於「棒球型」，這家公司的組織架構更接近「足球型」。

棒球是需要徹底管理的運動項目，打擊順序有一定的規則，球員也都知道自己打的是第幾棒，就連守備位置也是固定的，因此投手不會出任捕手。此外，教練會對每一球下達指令，藉此掌控選手的行動，教練的指揮調度對球賽有著極大的影響。

相對的，足球則是變動性非常高的運動。雖然有基本的守備位置，但可以視情況加以變化，有時甚至會由守門員踢球射門。除此之外，教練也沒辦法掌控球賽，每一瞬間的反應全由選手自行判斷。會影響賽況的，是每位選手的球技與團隊默契，亦即取決於選手之間的生態系統是否充分發揮功能。

醞釀出創新想法的是人，而不是系統。

愈想要有組織地管理員工，愈難激盪出創新的火花。相反的，為員工打造一個能夠懷抱熱忱工作的生態系統，才有可能產生創新突破。因此，現在應該做的事情非常簡單，那就是拋開「經營就是管理」這個固有觀念，我認為這就是邁向創新之路的第一步。

5

不以「錢」為出發點

必須專注於價值的創造

公司為何存在？

我的答案很簡單。

為社會提供價值，這就是一切意義所在。

當然，利潤也很重要，如果無法獲利，公司也難以生存下去。然而，能不能獲利充其量只是結果，只要能提供價值，自然能產生利潤。

或者可以說，最危險的做法就是把利潤當成商業目的。不管是哪一種企業，如果開始以賺錢為優先，使用者必定會注意到其中的改變：「啊！感覺不太一樣了。」只要企業提供符合投資報酬率的價值，使用者便會支持，不過，一旦發覺企業以賺錢為優先考量，使用者就會瞬間離開，網路業界有不少企業就是因此而開始沒落。

所謂的長銷商品，指的就是獲得使用者肯定而願意付錢購買的商品。想要做到這一點，比起追求利潤，更需要專注在價值的創造。簡而言之，應該傾全力提高使用者的滿意度。因此，我認為重點在於打造一個同時滿足使用者與企業的生態系統。

所以我反對從錢的角度看待一切事物。

以外包工作為例。將工作委外處理，或許能節省成本，不過，除非那家公司非常值得信賴，否則最好不要把工作外包出去。

當然，除了考慮到機密外洩的風險，最重要的是有許多公司具有「接單的特性」。請對方幫忙處理某項工作時，對方在意的只有：「價格多少？」卻沒有討論到最關鍵的議題：「想要創造出何種價值？」、「創造價值的重點在哪裡？」另一方面，也有些公司不惜降低產品價值，也要降低成本。在這種情形之下，儘管不至於無法創造出價值，但很難創造出較好的價值。

和各位分享一個有趣的例子。

某家電腦製造商，以前都是由內部負責所有工程，有段時期，他們將組裝作業外包，因而節省了成本。嚐到甜頭後，他們便「這也外包、那也外包」，陸續增加委外的項目，到最後，公司竟然無事可做了。凡事以金錢為主要考量，就會讓公司成為空殼子。我想，這就是最典型的例子。

人心比金錢更重要。

想為社會提供價值，或者想創造出讓許多人開心的價值，公司招募的人才都擁有這種純粹的熱情。經營方面則需努力維持良好環境，讓這些人得以將自身能力發揮到極致。如此一來，大家就會滿心雀躍地投入工作：「如果能實現這項服務，大家一定會很開心！」我覺得最重要的是保有這種心情。

想要創造出這種服務自然不容易，一定要歷經千辛萬苦才能成功，也唯有如此，才可能不斷推出備受使用者肯定的服務：「我每次都很期待那家公司的產品。」這不僅是企業的品牌經營，也是讓公司永續經營最簡單的原則。

所以我深信不疑。

愛護使用者的心情。

愛惜自己經手的產品及服務的心情。

這才是讓商業獲致成功的重要關鍵。

6

公司應以「人」為本

高手會吸引高手

企業是由人聚集而成。

企業文化與企業興衰，取決於在這裡工作的是什麼樣的人。

因此，我認為對企業而言，招募人才是極重要的關鍵。如果招募不到好的人才，不管企業的理念多麼遠大、辦公室打造得多麼豪華、反覆推敲的策略多麼周密，這家企業還是會面臨衰退，這就是現實。

人也是一樣。舉例來說，人的健康關鍵在食物，再怎麼勤上健身房鍛鍊身體，若是吃了有害身體的食物，就會損害健康。身體不適時，只靠藥物解決症狀也無法根治疾病，如果不改變飲食生活，便無法恢復健康，因為重點在於身體吸收了哪些東西。

因此，LINE公司在招募人才時相當謹慎。

首先，我們不會大量招募，因為追求數量，勢必得犧牲品質。大量錄取的結果，會招來把「金錢」、「出人頭地」或「企業品牌」視為工作動機的人，也就是讓不以「滿足使用者需求」為目標的人混進了公司裡，這是非常危險的一件事。

量變會產生質變，一旦抱持錯誤目標的人變多，企業文化就會逐漸改變，努力滿足使用者的員工也會愈來愈難做事，甚至會出現為求自己出人頭地，不惜阻撓其他員工前途的人。當優秀的員工發覺有異而紛紛求去，這家企業便會在不知不覺間成為絕大多數都是「無能之人」的公司……

事實上，讓一家成功的公司開始衰退的因素，便是大量招募，這種例子隨處可見。從這個角度來說，當公司大獲成功時，更需要小心謹慎。由於事業成功，工作量一定會隨之增加，但如果因此輕易增加招募名額，便會成為致命傷。好的做法應該徹底排除無謂的工作，招募人才時精挑細選。除此之外，也必須努力看清每一個「人」。

該如何看清一個人呢？

如果招募的是非應屆畢業生，前提就是要具備技術與經驗。此外，我也會注意對方的價值觀與人生態度，不錄用追求「金錢」、「出人頭地」或「企業品牌」的人。注意與對方談論「想做什麼樣的工作」、「想要實現什麼夢想」、「想要怎麼發揮自己的長處」時，他的眼裡是否閃爍著耀眼的光采？就算過去有了某些成就，往後是否還能保持謙遜，追求更上層樓？這些才是關鍵。

我在徵才面試時絕對不會說什麼悅耳動聽的話，而是如實讓對方知道工作的難度。即使如此，依然堅定地懷抱熱情，熱切表達想要做出好產品渴望的人，會讓我覺得得非常有魅力。

然而，透過面試很難百分之百看清一個人。

也不可能有萬無一失的技巧。

倒不如說，面試考驗的是面試官的眼力。每天真誠的面對使用者，孜孜矻矻努力不懈，因而持續展現成果的高手，就可以憑藉本能一眼看出對方的資質。我認為沒有比「直覺」更有威力的武器了。

而擁有這種高手，便可在徵才戰略中占有絕佳的優勢。因為真正優秀的人，嚮往的不是金錢，也不是地位，而是和業界的頂尖高手一起共事。幸運的是，LINE公司裡有許多高手，因此自然會吸引優秀的人才上門。由這些高手負責徵才面試，便能從應徵者中找到出類拔萃的優秀人物，造成一種良性循環。

從這一點來看，徵才戰略的基礎，就是打造一個讓優秀員工可以盡情發揮能力的環境。只要讓他們輕鬆愉快的工作，自然會產生聚集優秀人才的生態系統。

第2章

發揮自己的「感性」

7

工作是自己爭取來的

把「想做的事」當成工作

工作是自己爭取來的。

這是在LINE公司大展長才的人，共同且簡單的行動原則。

「我想做這份工作」、「這項企劃有我參與會比較好」，每個人都自行爭取工作，並且貫徹到底。不受限於既定的部門或團隊，只要覺得某個工作好像很有趣、可以發揮自己的能力，隨即不顧一切投入，這樣的人就可以不斷拓展自己的潛能。

我對他們的工作態度感到十分欣慰。因為一旦認為工作是人家給的，便無法照自己的方式生活。和委曲自己一直做不想做的事情比起來，做自己喜歡的事當然更幸福；又因為做的是自己喜歡的事，自然能鼓起幹勁，也容易展現成果。我非常肯定這一點，因為這就是我自己的親身經歷。

我的職涯起於挫折。

大學畢業後，我進入日本電視台工作。對於從小沉浸在音樂世界裡的我來說，最大的心願便是參與製作音樂節目，可是我卻被分發到電腦系統部門。由於做的盡是幕後工作，讓我長達半年時間都在賭氣：「為什麼只有我這樣？」

不過，再怎麼沮喪也無濟於事。我轉念一想：「既然要做，那就做好一點吧！」於是開始認真學習電腦，後來拿到了幾項證照，成了公司裡最熟悉電腦操作的人。但是我依舊不快樂，因為一旦在工作上有所表現，便會接收到各方交付的任務，使我愈來愈難調到節目製作部門。

有一天，事情突然出現轉機。

當時正值網際網路興起，我感受到它的威力，心想，如果能結合電視與網路，一定可以做出比現在更有趣的內容。有了這種想法之後，我便拒絕被動接受的工作方式，一面做著電腦系統的工作，一面自行開發網路相關工作。

我著手成立了公司內部的網路服務，這件事並沒有經過主管的允許，不過，喜歡新事物的製作人開始找上我：「能不能做出這個東西？」、「幫我一下吧！」

我也曾和後進一起企劃益智節目。我們的構想是把電腦交給現場觀眾，讓他們當場回答謎題，再由藝人來賓猜答案。當我也出現在節目中操作電腦系統時，主管還挖苦說道：「幹嘛自作主張啊？」

這段期間，我的網路事業夢想愈來愈大。但是我表現得愈好，主管愈不願意放人，我始終無法擺脫電腦系統的工作。「好想專心做網路方面的工作啊……」這個念頭讓我開始考慮轉換跑道，最後，終於決定向日本電視台遞出辭呈。

當時根本沒有人會想要辭去日本電視台的工作，因此在公司裡引起了一點騷動。就在我離職前三天，高層把我叫去，說：「如果你要辭職，倒不如就去做你喜歡的事。」

萬萬沒想到，公司竟然特別為我成立網路事業專門單位，讓我嚇了一大跳。不過，我也因此終於能做想做的工作，從此展開了和目前有關的職涯之路。

所以，我深信工作不是人家給的，是由自己爭取來的。

這才是工作的基本關鍵。一味採取被動姿態，只會接到不喜歡的工作，與其如此，還不如自己主動出擊。從微不足道的事情做起也無妨，試著做自己喜歡的事吧！為了自己喜歡的事情去學習、展現成果之後，一定會接到想做的工作，人生也會因此拓展開來。

不追求「名與利」

經常置身於能確實感受到成長的環境

「金錢」與「名聲」——

這是對人類非常有吸引力的事物。

但是我認為，把這些視為工作的動力是很危險的。理由很簡單，一旦得到名與利，就會想要緊抓不放，結果反而不敢面對新的挑戰，阻礙了自己的成長，我覺得這是相當可怕的一件事。

我曾經感到恐懼。

那時候我還在日本電視台工作，領著高得嚇人的薪水，周遭的人也因為我在日本電視台工作而百般奉承。可是我深知自己的實力，放眼廣大社會，相較於自己真正的市場價值，這份薪水與職位未免太高了。因此，我不禁感到恐懼：「照這樣下去，我會完蛋吧！」

所以才想要透過網路事業提升自己的價值，讓自己更加投入工作。日本電視台後來為我成立了網路事業專門單位，我也幹勁十足的去研究所深造、取得MBA學位，陸續開發網路相關的新商業活動。

然而，公司內部的高牆不易打破，我無法按照自己的意思推行工作。不管怎麼說，電視台的本業是傳播事業，我想經營的網路事業對從事傳播業的人而言，可說是一種阻礙。當我發覺到這一點，便再次下定決心要離開公司，那一年我三十三歲。

說我一點也不猶豫是騙人的。如果繼續留在公司，不但未來生活無虞，也能保有社會地位，放棄這些難免感到可惜。

然而當時，我再也不願為追求名利而放棄自己想做的事了，我覺得這樣的人生簡直像被養在動物園裡一樣。

只要在籠子裡乖乖聽飼育員的話，就可以每天準時得到飼料。這樣的人生或許安全又輕鬆，卻無法照自己的意願生活。最可怕的是，當哪一天被丟回大草原，可能早已失去自行獲取食物的能力了。所以我決定離開動物園。

我跳槽的對象是索尼。年收入雖然減半，不過我一點也不在意。那時候，索尼計畫利用網路將電視等硬體與音樂、電影等內容加以結合，這正是我想做的事。

但這裡同樣聳立著公司內部的高牆。我們遭到既有部門的強烈反對：「為什麼一定要把電視連上網路？」我當時正好參與了公司內部成立的架設寬頻服務的合資事業，儘管順利成長為一年營業額逾數十億日圓的單位，但是總公司也在當下派來許多即將離職的人員。「我想要更多自由……」當我心裡浮現這股念頭，隨即決定拋開這份小小的成就。

我再度換工作，前往HanGame Japan公司任職。這是一家名不見經傳的創投企業，就職當時，我只是個三十六歲的普通職員，年收入也再度少了一半，有的朋友甚至因此疏遠我，但我總算找到能盡情發揮自己能力的地方。

以上便是我的職涯經歷。

我不斷努力追求想做的工作，當覺得自己的價值還能再提高時，就會捨棄名與利，轉換跑道。我深深體會到，讓自己處在不得不從一無所有中逼出成果的情況時，便能發揮自己的潛力，一旦克服難關，即可獲得驚人的成長。

人是脆弱的生物，一旦得到名與利就會心滿意足，很難再主動提升自我，只會汲汲營營於比自己的市場價值還要高的金錢和名聲。然而，這麼一來就會變得無法在社會上生存，所以我才刻意讓自己待在嚴苛的環境裡。因為我認為，今天比昨天進步、明天比今天更成長，才是幸福的事。

9

工作艱辛是必然的

能體會開花結果的「幸福」，才是專業

「享受工作吧！」

我曾聽人家這麼說。

但是我並不以為然。工作當然很有趣，就是因為有趣才能全心投入。可是「享受工作吧！」這句話流露出的氛圍，和我的感受大不相同，因為我認為工作是很嚴肅的。

態度輕佻，絕對做不出讓使用者滿意的產品。為了精準符合使用者的需求，一定要全神貫注；為了製造出高品質的產品，也必須歷盡艱辛，而且不許失敗。心理及肉體均承受龐大壓力，就是所謂的工作。因此，**工作艱辛**是必然的。

反過來想，不如坦然接受這份艱辛，腳踏實地面對每天的工作。走過這段艱辛的歷程，親身體會到開花結果的幸福，才稱得上是真正的專業。

我曾經歷過好幾次「幸福」的時刻，印象最深的便是剛進HanGame Japan的時候。

HanGame Japan成立於二〇〇〇年，它是在韓國已經有一千萬名用戶的桌上型電腦線上服務平台「HanGame」，為了在日本拓展業務而成立的公司。

由於線上遊戲需要大量的資料傳輸，而寬頻設備較落後的日本幾乎沒有提供這樣的服務，換句話說，這是一個全新未開發的市場。於是，公司引進了新型商業模式，藉著免費提供遊戲來增加用戶，並透過遊戲裡的小額收費等方式獲利。

我是在公司成立後第三年加入。儘管那時已經擁有一百萬名以上的用戶，但是距離獲利還很遙遠。想要讓這種商業模式獲致成功，唯一的辦法便是增加用戶，因此我們只好四處奔走，以求提升使用者的數量。

我的靈感來自電視。免費遊戲不就很像讓觀眾免費享受視聽樂趣的電視嗎？而最能炒熱收視率的就是現場直播，既然如此，我們乾脆舉辦現場活動，同時透過網路動畫直播，讓不能來現場的人也能在網路上參與，這樣一定能帶動熱潮……這就是我們的構想。

從此，我們每個星期都舉辦活動，並且向使用者公開集客目標，請他們帶朋友來參加。使用者也很希望能開開心心和大家共襄盛舉吧？所有人就像夥伴似的助我們一臂之力。

在口耳相傳之下，參加活動的人數猶如滾雪球般增加。剛舉辦活動時，同時連上網站的人數只有幾千人，後來增加到一萬人、五萬人，當我們終於達到夢寐以求的十萬人時，甚至有使用者在留言板上寫下：「我在電腦前哭了。」

對此，我由衷感到開心。

因為我們為這一刻付出了莫大心血。這是一家剛成立不久的創投企業，人手並不足夠。我們就憑著少數人力，從遊戲的開發到宣傳、業務全部一手包辦，再加上每星期舉辦活動，幾乎每天都以多租戶大樓的一個樓層為家，不眠不休地工作著。這段期間，讓我們感到痛苦的事情也多不勝數。不過，正因為如此，才能體會到付出終於得到回報時的幸福。這就是我最深刻的經驗。

經過幾次類似的經驗後，我不禁思考，這份幸福到底是什麼？

以下是我的結論。每個人都期望備受肯定，藉由工作讓世上的人們感到快樂，便會覺得自己的存在價值受到肯定，這就是所謂的「幸福」。為了這份幸福，再怎麼辛苦也甘願，我認為這就是專業。

10

發揮自己的「感性」

不必迎合公司或上司

LINE公司裡有許多高手。

不斷創造出熱門商品的高手。

我觀察著他們，發現了某個共通點，那就是所有人都只專注於自己喜歡的事。他們一心追求自認為美好的或者有趣的事物，絕對不會放棄或是將就。也許可以說，他們是憑著真心本意而活，才能保有孩提時代的純真感性。

我認為這是「做好工作」不可或缺的要素。

如果不是真心喜歡，便無法做好工作。

創作出精彩遊戲的人，本身也愛玩遊戲；開發出優秀App的人，本身也喜歡App。他們會打完各種類型的遊戲、一個一個下載、試用感興趣的App。如果不是出於喜愛，根本沒辦法做到**這個程度**。也因此，他們慢慢懂得產品的好壞，瞭解好產品的優點**在哪裡**、壞產品的缺點**在哪裡**，藉此不斷琢磨自己的感性。

此外，他們也比一般人更在乎自己的「技術」。因為對自己的要求極高，絕不滿足於半吊子的技術，所以他們會自動自發地努力更上層樓。

還有一個最重要的關鍵。

那就是「懂得使用者的心情」。當他們玩熱門遊戲時，覺得很有趣的感受，與其他使用者覺得很有趣的心情是一模一樣的，因為大家都是同樣的人。只要他們站在使用者的角度著想，追求自己內在感到有趣的感性，自然會貼近使用者的喜好。

我在評估、選擇企劃案時，注重的是提案者是否將個人的真實感受融入企劃案裡。否則，就算在企劃案裡洋洋灑灑列出了市場調查或是營業額等數據資料，說明「這裡有一大片市場」，我也不覺得這樣就能做出好的產品。

當然，全憑感性創作的話，也會讓產品流於孤芳自賞。因此，根據客觀的資料理性思考也非常重要。然而，如果這樣就能產生靈感，大家也不用煞費苦心了，其中還必須融入創作者的真實感受，覺得這個很有趣、這是有必要的。

不斷磨練自身感性的高手們提出的企劃案，一定會融入自己的真實感受。我想，這就是他們可以持續創作出熱門產品的原因。

話說回來，我發覺這世上有愈來愈多年輕人壓抑自己的感性，這一點讓我十分憂心。前幾天，我也從某位社長口中聽說了這件事。

他說，有一次在面試求職者的時候，發現每個人說的話都一樣，當時他就想：「這也太奇怪了吧……」某天瀏覽自家公司的網頁時，謎底總算揭曉。原來每個人都把網頁裡刊登的「公司方針」當成「自己的夢想」大談特談。他神情凝重地說：「這時代變得真可怕啊……」

我對他的話深有同感。

想要就業、想要討上司歡心……為了達到「眼前的成功」而壓抑自己的感性，是非常可怕的一件事。到頭來，由於表現得和自己的真心不一致，只會顯得無比淺薄，這種態度絕對無法做好工作。

發揮自己的感性。

這就是「做好工作」的必要條件。

11

不必「察言觀色」

使用者的批判，比職場的批評更可怕

不必察言觀色——

這也是高手們的共通點。

如果覺得主管設定的目標走向和自己所想的不同，便會毫不畏懼地陳述自己的意見。因此，工程師會大肆批評設計師的工作，設計師也會大肆批評工程師的工作。有時甚至會不顧他人反對，堅持做出符合自己理念的產品，他們只要一覺得有什麼「不對」，就會無視一切勇往直前。

用足球比喻的話，就像是一名狂野不羈的前鋒。

一旦瞄準目標，就會自己盤球射門，就算隊長在另一邊發出「快傳球！」的暗號也視若無睹。他是用自己的想法掌握球賽的整體狀況，並且

用自己認為最好的方法來瞄準目標。

這麼說或許會引人誤解，但是，在我看來，大部分高手似乎都與大企業格格不入。

在大企業裡，漠視主管的暗示、自行決定射門的話會怎麼樣呢？射門落空的話自不用說，就算成功了，同樣會招來批判，「那傢伙真是任性妄為」、「那傢伙很難搞」……周遭的人也會敏感地嗅到不尋常的氣氛，紛紛開始和他保持距離。

即使如此，他們完全不會想要改變自己的作風。

因為他們會害怕。

害怕什麼呢？

答案是使用者。

就算與使用者的需求僅有「一公釐」的誤差，製作出來的產品還是會乏人問津，他們切身感受到市場的嚴苛。

因此，在確定「使用者的需求是什麼？」之前，他們會絞盡腦汁、絕不妥協，當然也會聆聽各方人士的意見，藉此琢磨自己的產品形象。不過，他們不會為了融入職場的氣氛而做出模稜兩可的事情，比起在職場上遭受批評，他們更害怕偏離使用者的需求。

我認為這才是專業。

若是少了這種人，便無法創造出絕佳的產品。

想要做出好產品，最不可取的行為就是調整。如果為了「結合A的構想和B的靈感」，而添加一大堆功能，只會製造出複雜難用的產品。或者，為了迎合主管的喜好，結果弄出目標不明、訴求模糊的產品，這種產品絕對不可能抓住使用者的心。

再說，為什麼要調整呢？

把融入職場氣氛當成工作的目標，這根本是本末倒置。公司的存在並不是為了讓員工和樂融融，它的唯一目的只有製造使用者會喜歡的產品。不必害怕因此破壞職場的氣氛，也不必擔心產生衝突。

總是顧慮周遭氣氛、態度模稜兩可的人，工作表現或許還可以，但是他絕對無法突破「勉強過關」的層次。想要展現出類拔萃的成果，絕對不能只是一味的察言觀色，唯有一心一意滿足使用者需求的人，才能創作出絕佳的產品。

12

不要當「專家」

努力，決不可偏離本質

不可以成為「專家」——

這是我的想法。

商業人士當然需要努力精進各領域的專門知識與專業技術，但是專家經常會迷失本質。就像足球的挑球高手一樣，挑球美技固然精彩，但一旦下場比賽，不能射門得分的話便毫無意義可言，可是很多「專家」卻會在比賽途中開始挑球炫技。

過去，HanGame Japan公司曾經發生一件事。

在那段時期，遊戲市場的主角正從個人電腦逐漸轉移至功能型手機（Feature Phone）。當時個人電腦盛行的是電腦繪圖製作出的精緻遊戲，但是功能型手機很難呈現同樣的效果，因為所需的傳輸量很大，手機的螢幕太小無法播放，所以必須研發適合功能型手機的「簡易遊戲」。

但是這個構想遭到部分員工強烈反彈，他們紛紛表示：「這根本稱不上是遊戲！」我十分瞭解這種心情，他們過去在創作精緻遊戲上展現了亮眼成績，因此，製作簡易遊戲無疑是否定了過往的成就。可是我說：「這是兩回事。」理由是我認為他們偏離了本質。

歸根究柢，遊戲到底是什麼？

它就是一種娛樂。能讓人開心玩樂的遊戲，就是好的遊戲。從這一點來看，「精美的畫面」並不是遊戲的本質，只不過是遊戲的一項要素罷了。一味堅持畫面精美而不願意開發適合功能型手機的遊戲，簡直是捨本逐末，一旦忘了「歸根究柢」，任誰都很容易犯下這種錯誤。

我過去任職於索尼時，也曾遇過類似的事。

剛進公司時，我被分發到新事業開發部門，任務是將電視或行動裝置與網路結合，從中創造新的服務。這是我長久以來一直想做的事，我幾乎每天都在整理企劃書，一再向電視事業部等部門提案，但是彼此的意見始終不一致。

他們是電視領域中超級頂尖的技術人員，可是他們一再堅持：「為什麼電視一定要連上網路？」、「那根本稱不上是電視。」也就是說，電視對他們而言只是一種「利用電波接收影像的機器」。

然而，電視原本就是這種機器嗎？我想，發明電視的人並不這麼認為吧！也許他們只想開發出「能把影像傳送到遠處的技術」，這也是世上人們的需求，而當年能用的技術，就是電波。既然如此，電波只不過是一種工具，並不是本質，如果和網路結合，勢必更能拓展電視的潛力。

但是人往往會被現有事物影響。因為電視是接收電波的訊號，便以為那就是電視，從這一點開始便偏離本質。舉個例子，電視產業長年來無不以提高畫質為終極目標，於是，高畫質（Hi-Vision）因此而生，最近又誕生了4K畫質的電視，而且研發過程中，投注了大量且最先進的專門知識。不過，這真的是電視的本質嗎？真的是人們需要的嗎？

所以我非常重視這個問題：「歸根究柢，這到底是什麼？」

儘管這道單純的問題很容易讓專家嗤之以鼻，但是唯有提出這道問題，才能讓我回歸事物的本質。

13

從「一無所有」開始磨練

人總是在缺乏資源時，才懂得思考

「因為預算不夠，所以做不出來。」會說出這種藉口的人，沒有一個是有能力的。我十分肯定，就算給他們充足的預算，他們一樣做不出來。

從事商業活動時，自然需要人力、物資、金錢等資源。備妥現場員工需要的資源，是經營者的責任。然而，不可能隨時都能準備好所需的一切資源，資源沒有足夠的時候，這就是商業的現實面。

重點在於如何在這種情況下絞盡腦汁拿出成果。不斷嘗試錯誤，才能磨練出扎實的工作能力。或者可以說，比起資源優渥的環境，幾近一無所有的環境更能讓自己成長。

我進了HanGame Japan公司後，對這點感受特別深。

我的職涯始於大企業，這一點不知該說是幸或者不幸。當自己置身其中時，其實很難有所自覺，不過大企業的資源確實相當豐富，因此工作起來十分省力。就拿行銷來說，在日本電視台時，只要發布新聞稿，就有許多媒體為我們宣傳。由於當時的預算十分充裕，刊登廣告也是小事一樁。

然而，等我進入HanGame Japan公司時，就發現行不通了。雖然想要加強行銷，但因為是沒沒無名的公司，發出的新聞稿根本無人理會，當然，更沒有打廣告的預算。過去我在大企業裡學到的做法，在這裡幾乎無用武之地。

我們只能絞盡腦汁、主動出擊、四處奔走……

我們用盡一切方法，不但徹底研究如何撰寫能讓媒體大感興趣、願意多看一眼的新聞稿，也積極向親朋好友推銷，幫忙拓展口碑。儘管和日本電視台時代相比，耗費了更龐大的心力，但是我在嘗試錯誤的過程中，學到不少經驗。

例如撰寫新聞稿。如何寫廣告文案、如何建立主文架構……其中蘊藏了一個打動人心的深奧訣竅。只要找到能在瞬間傳達服務魅力的「話語」，便能大幅改變接收者的反應。當年待在隨便發篇新聞稿就能躍上媒體版面的日本電視台，根本學不到這項技巧。

不僅如此，我也經由這份體驗磨練了規劃新服務的能力。因為直指人心的標語，就是出色服務要傳達的理念，所以，要先想出能讓許多人覺得「哦，這個好像很有趣」的標語，再反過來設計服務項目。如此一來，產品大受歡迎的機率即可顯著提升。

我也從親朋好友的口耳相傳中學到許多，因為可以即時看到他們體驗服務後的真實反應。大獲好評的服務與反應平平的服務，兩者的差別在哪裡？是否親身體驗，將會大幅影響服務的開發能力。研擬企劃或構思服務內容時，我都會想「這麼做，他們會喜歡嗎？」能夠想像使用者心情的人，才能創造出需求量大的服務。

我就在從零開始摸索有效行銷方式的過程中，學到了最根本的訣竅，進而磨練自己的企劃能力。正因為資源不足，才得以培養這項能力。

因此，我的感想如下。

置身資源充足的環境，未必是好事，處在「一無所有」的情況下，反而能大幅成長。在反覆嘗試錯誤的過程中，可建立起「資源不足也能成功」的信心，而這份信心，就是商業人士的自信來源。

14

經過深思熟慮，才會有「把握」

深思熟慮卻失敗，將是成功之母

常常聽到人們說：「失敗了也沒關係，挑戰看看吧！」不過，我從不認為自己的工作可以「失敗了也沒關係」。的確，人生最大的失敗，就是因為害怕失敗而不敢挑戰，但即使如此，我覺得「失敗了也沒關係」是一種不負責任的說法。

使用者花了寶貴的金錢與時間，使用我們的產品及服務，但我們卻說：「失敗了也沒關係。」這不是很失禮嗎？再加上製造產品時也有投資人參與，我認為，以一個專業人士來說，這種不負責任的工作態度非常不可取。

LINE公司的高手們也是以同樣的態度面對工作，他們絕對不會有失敗了也沒關係的天真想法。不管是自己或別人的失敗，他們都嚴肅看待。儘管公司的氣氛十分自由，卻完全不見散漫的工作態度。

這世上當然沒有保證成功這件事。

任何事情不試試看，誰也不知道會不會成功。因此，新產品往往是賭注，不可能有絕對會成功的情況發生，這是我切身體會到的事。正因為如此，為了成功，更不可以輕易妥協。在確定會成功之前，必須付出一切努力，這就是高手們共同的工作態度。

所以，我在自己帶領的專案裡，會嚴格審查企劃案的內容。

許多企劃案都源自直覺。「這不是很有趣嗎？」、「如果有這個的話不是很方便嗎？」……若是少了這份直覺，很難創造出好的產品。

不過，僅憑直覺是很危險的，因為它或許只是一時的靈光乍現，也有可能是自以為是的想法。再說，對自己的直覺充滿自信的，僅限於天賦極佳的天才。每個人的內心都會不安，所以才需要別人的審查，從各個角度窮追猛打。如果說明時游移不決，我通常就會把企劃案打回票，要求提案者再度以邏輯思考深入檢討企劃內容。

我的目的是讓提案者從各個面向思考，除了透過市場調查掌握使用者的需求，還必須與類似的產品對照分析，確定這項企劃案能夠滿足哪一種需求，並且綜觀行銷的過往紀錄，釐清目前為什麼需要這項企劃案。

我曾經多次退回同事的企劃案，沒被採用的案子也多不勝數。不過，經由這段過程，原本的直覺多了邏輯論證，即可產生自信，明確規劃出成功的願景。當提案者本人擁有這份自信時，我才會同意進行企劃案。

當然，即使如此，還是會遭遇失敗。

這也無可奈何。我不會聽任何藉口，因為那根本毫無意義，更重要的是要記取失敗的教訓。這時候便需要徹底運用邏輯思考，才能藉此檢討失敗的因素。

在此，我就以釣魚來比喻產品開發。海上有一艘船，垂下釣線之前，你在船上環顧四周，思考著魚群（需求）會在哪裡出現。如果能正中魚群，這項產品就會成功。然而，全憑直覺開發產品時，就像是靠著瞎猜垂下釣線，一旦失敗，根本無從檢討其中原因。

另一方面，具有邏輯性的產品開發，會先建立假設：「在這九十度的範圍裡應該有魚群吧？」其中如果出現一點反應，再考慮將範圍縮小到四十五度。像這樣逐漸縮小範圍，總有一天一定會成功。

關鍵在於假設的精確度。

總而言之，經過深思熟慮，才會有十足的把握。

並且要縮短嘗試錯誤的循環週期。

這一點即決定了一個人的成長速度。

15

享受「不安」

未來充滿未知數，所以才有無限可能

人生是一條「康莊大道」——

年輕時，我是這麼想的。

從好的大學畢業、進一家好的公司，只要認真工作，便能升官、加薪，等孩子長大後，就可以安享幸福的晚年。我曾經以為人生真的有這樣一條康莊大道。人往往會在不知不覺間，採信了一般社會大眾相信的事物，同時也有一點害怕偏離這條康莊大道。

但我卻在中途放棄了康莊大道，一路走到今天，因為我想追求自己想做的事。走在前人未至之路，絕不輕鬆愉快，但是我期盼能為社會略盡棉薄之力，每天都勤奮努力，總算有了今天這般成就。

於是，我現在深深相信。

連明天的事都無從得知，這一點對人類來說是很稀鬆平常的。

我過去嚮往的康莊大道，只不過是幻想。或者可以說，不知道未來是無法掌握的，這種生存態度才是危險的。尤其是現在這個瞬息萬變的時代，一定要隨時提高警覺，提醒自己「不知道什麼時候會發生什麼事」，所以要淬鍊自己的感性，一旦發生變化，就可臨機應變，這種野性生命力是可以培養的。相反的，深信康莊大道，期待有人告訴自己未來的發展而不肯面對現實，每天茫茫然過日子，這才是最危險。

換句話說，人就好像被扔到世上來一樣，眼前絕對沒有鋪好的道路，完全可以自己決定要往哪裡去。想從事什麼工作？用什麼態度面對工作？在哪一家公司工作？人生的重心放在哪裡？……這些選擇，決定了人生的走向。

當然會時常感到不安。

不過，這個世界的現實景況便是如此，倒不如就好好享受這股不安。

未來，就是因為充滿未知數，所以才有無限可能，人就是要為這份未知賭上自己，我覺得擁有這種人生態度才是最重要的。

世上沒有百分之百完美的事物，任何事物都有好有壞。最重要的不就是看好的一面、以樂觀的態度去面對嗎？「未來是未知數」、「變化十分劇烈」，這樣的態度中確實存在著負面的想法。不過，一味擔心：「對未來感到不安所以不敢挑戰」、「變化太快所以跟不上」，也難以創造出任何有價值的事物。不如反過來想：「未來充滿未知數，所以才有無限可能」、「變化如此劇烈，所以才有機會」，以正面積極的態度活著更好。

我很幸運，LINE公司裡盡是這樣的人。

我們經歷了許多起起落落，之前在HanGame Japan公司時期，我們雖然在線上遊戲領域成功取得日本第一的寶座，但是好景不長，由於功能型手機問世，再加上我們誤判情勢，導致後期經歷了一番苦戰。我也曾因為結果不如預期，忍不住和下屬一起抱頭痛哭。

在那段期間，有人因此離開了公司。然而，留下來的每個人全都是徹頭徹尾的樂天派，或者可以說，他們很享受網路世界的劇烈變化。如果沒有出現足以重返第一名寶座的大浪，就得永遠處在谷底，因此，大浪來臨的時刻正是天賜良機。而大浪頻頻出現，即表示機會無限，我們每天不斷砥礪自己，為的就是在那些機會中賭一把。

當時我的身邊只留下這樣的人。

也因為如此，員工們才能抓住智慧型手機問世的機會勇敢挑戰，成功研發出ＬＩＮＥ。

未來充滿未知數，所以才有無限可能——

我認為，相不相信這一點，就是辨別一個人能不能成功的關鍵。

第3章

「成功」就是不斷捨棄

16

不要把公司變成「動物園」

打造一家鼓勵員工創造成績的公司

進入HanGame Japan公司四年後，我接下了社長一職。當時心裡暗暗感受到一股危機，因為公司的情況與我剛進來時截然不同。

我剛進公司時，它是一家約有三十名員工的虧損公司，所以每個人都拚命工作著，也因此才能在短短四年內，成為日本線上遊戲市場的龍頭。

後來發生了什麼事？

所有人都**沉浸在幸福裡**。加了薪、結了婚、生小孩、買房子，開始想要早點回家。當然，這些都是好事，但我覺得很危險，因為公司採用的是按資歷輩分敘薪的制度。

只要在公司繼續待下去，就能像搭電梯一樣自動往上升。有這種想法的人，眼中失去了過去為了獲得使用者的肯定而拚命工作的野性熱忱，彷彿被拔掉了獠牙似的，簡直就像長期生活在「動物園狀態」下。

人類果真是軟弱。

我不得不這麼想。人只要嚐到幸福滋味，就會停止追求，幾乎沒有人想要再辛辛苦苦地為使用者付出一切。

如果是處在不必競爭的社會裡，這種態度自然無妨，只要守住現有的成就，也許就能長久幸福。但是網路產業瞬息萬變，競爭也非常激烈，如果不能持續創造出新的價值，轉眼就會被使用者拋棄。

這世界是由需求者與供應者構成的生態系統，因此，最重要的是維持良性循環：設法讓使用者開心，公司便會賺大錢，員工自然能豐衣足食。所以不可以把公司變成「動物園」，在動物園裡生活得太安逸，再也無法適應生態系統時，很容易便會失去幸福，因為幸福並不會長久持續。

不僅如此，更嚴重的問題已經開始浮出水面。

由於按照資歷輩分敘薪，導致工作能力非常強、對公司貢獻卓絕的員工，只因為剛進公司不久，薪資比只做些輕鬆小事的資深員工還要低。可是沒有人對這種現象產生疑問，甚至有人開始攻訐威脅到自己地位的新進員工。這實在很可笑，所以我有一次公開宣布：

「我會重新調整所有員工的薪資，從今以後，薪資會優先付給做出成果、為使用者提供更大價值的人。」

也就是將過往的薪資及頭銜全部歸零，重新審核所有員工，改變薪資的分配比重。

此舉當然引起員工接二連三的反彈，在公司裡掀起很大的騷動。

不過，我根本不予理會，因為會激烈反對的人，就是那些薪資高於工作能力、甚至完全不成比例的人，而這只不過是出於感情用事。既然是不合情理的事情，我認為沒必要為此爭論。

最後，反對的人大多選擇離職，但我也沒有招募新人補位。相反的，我把離職員工的薪資分配給工作表現佳的員工，因為光是這麼做，便能大幅提升認真員工的士氣，而且也讓我得以把「打造一家鼓勵員工創造成績的公司」這項簡單政策，灌輸給全體員工。

17

「成功」就是不斷捨棄

提高自身市場價值的唯一方法

廢除按年資輩分升遷的人事制度——

這是我接任社長後首先提出來的方針。

人是很軟弱的，「待得愈久、領得愈多」的制度，無法使人為了滿足使用者需求而拚命工作，這就是我下定決心改變薪資制度的原因，不問在職時間長短，將薪資優先付給為使用者提供更大價值的人。

不過，光是這樣還不夠。

因為企業必須持續創造出新的價值。

研究過去的企業興衰時，我發現了一個簡單的法則。那就是一成不變的企業，只會走向衰退一途，尤其網路產業，是產品十分容易被複製的世界，只做同樣的事情，很快就會被競爭對手模仿而顯得落伍。可以說，如果少了持續創造新價值的基因，便很難生存下來。

於是，我在二〇〇九年成立的NHN Japan公司（HanGame Japan公司的後繼公司、ＬＩＮＥ公司的前身）後，便將工作內容切割成負責創作新產品的創意工作，以及改良精進成功產品的改造工作。

重點在於發揮創造能力，製作出熱門產品後，必須交由改良部門接手處理。每個人對於自己一手打造出來的成就往往會愛不釋手，希望在自己手中進一步改良，不甘心就此交給別人處理。然而，我會請原創者放手，並請改良部門努力創造新的價值，換句話說，便是不斷捨棄「成功」。我這樣做的目的，是希望這種態度可以成為公司的文化。

這是一條險峻的道路。

但是我認為，不斷捨棄成功有助於一個人的成長。

挑戰新事物，失敗的風險自然大增，所以才會執著於過往的成就，轉為守成，並且開始堅持延續同樣的做法。但是在這段期間，不但新技術陸續研發出來，使用者的需求也一再改變，等到有所醒悟，早已跟不上時代潮流了。

因此，最好要不停捨棄成功。就算形勢嚴峻，也要持續挑戰，創造出新的價值。這便是不斷提升一個人「市場價值」的唯一方法。

當然，每個人對於自己是否可以一直成功下去，多少會感到不安，更何況，愈是嶄新的事物，愈有可能失敗，應該有不少人會因此感到挫折吧！不過，堅持到底不斷努力，終於獲致成功時，便會產生信心，這時候才能蛻變成真正優秀的人。

由這樣的人掌握主導權，公司就會強盛。

因為「守成的人」沒有力量。

公司若是讓堅守過往成就的人掌權，就非常難打破既往成就，創造新事物，「新事業開發部門」就是最好的證明。為什麼一定要成立新事業開發部門？原因就是現有部門不想挑戰新事物，再加上他們手中握有大權，新事業開發部門如果沒有足夠的權勢，很快就會被擊垮，這種案例應該很常見。

與其如此，最重要的應該是建立企業文化，讓最優秀的員工不時創造出新的價值。要不斷捨棄成功，不能只想守成，並且持續授權給擁有這項簡單信念的員工。我認為這才是打造真正強盛公司的方法。

18

有話「直說」

語意不清只會搞砸工作

ＬＩＮＥ公司孕育了一股有話直說的企業文化。

即使不中聽，也毫不客氣地直接說出來。「我覺得這個企劃案很無趣」、「這個App跟爛糊的麵條一樣乏味」……當然，批評之餘也必須說明其中的理由，並且清楚傳達想法，以免招來誤會，我們推行的便是這種簡單的溝通方式。

這麼做是有原因的。

ＬＩＮＥ公司為了與世界競爭，除了日本人以外，還有各種不同國籍的員工在此工作，但也因為如此，一開始公司內部的溝通情況並不理想。

日本人在溝通時往往會顧及對方心情，而採用迂迴的說法，不把真心話講明，這是日本文化好的一面。但是與外國人溝通時就會發生問題，因為他們不懂日語的微妙語感。

例如「我覺得很好，不過……」這種表達方式，日本人一聽就猜得到「不過有一點問題」。可是外國人卻會一頭霧水，不懂到底是「好」還是「不好」，甚至有可能產生誤解：「這表示可以照這個方向去做吧？」當對方在誤解的情況下繼續工作，到了最後你才跟他說「這樣不行」，他反而會認為你說謊。

因此，必須提醒自己有話直說。

這對日本人來說也是好事。

因為瞭解彼此的真正想法，溝通意見時便不會出現分歧，不必在誤解及錯誤的情況下繼續工作，導致最後還得重新修正。此外，有話直說也能減少互相試探對方心意的麻煩與壓力，就結果來說，這種做法能讓工作進行得格外順利。商業講求的是迅速，與其顧及對方的心情，採取曖昧不清的表達方式，不如訓練自己將想法明確的表現出來。

指導下屬時也是如此。

社會上，人人都在主張「以誇獎促進成長」、「培養熱忱」之類的做法，這確實是理想的方式，但是難度卻相當高。

在此建議經驗尚淺的主管，不要把事情想得太複雜，直接向下屬說出心裡的話就好。動不動就大力稱讚實力不足的人，只會讓他誤以為自己很厲害。我看過太多人因此就不認真努力，最後變得一無是處，正所謂糟糕的同情只會毀了一個人。

與其如此，不如清楚告訴對方：「你的實力不足。」下屬或許會因此感到沮喪，不過，實力不夠是事實，這也是無可奈何的事。如果不能以此為契機，力爭上游，日後絕對無法獨當一面。既然如此，儘管有些嚴苛，但是讓對方面對現實，這才是真正的體貼。

話說回來，為什麼不想傷害對方呢？

我曾經想過，實際上是不希望自己受傷吧？不希望傷害了對方，讓自己有罪惡感，所以避免和對方起衝突。如果這就是真正的動機，我認為這種想法是錯的。

最重要的是目的。

「想做出使用者會喜歡的產品。」

「希望下屬成長。」

如果為了達到正確的目的而必須這麼做，不管別人怎麼看待自己，都應該告訴對方實話。我想，這才是商業人士真正的真誠態度吧！

19

愈優秀的人，愈不會「吵架」

堅持「爭一口氣」的人，注定失敗

我總是四處向人推薦有話直說的企業文化。

然後，對方一定會問我：

「這樣不是更容易造成公司內部的衝突嗎？」

這是很合理的提問。事實上，我們剛開始實行有話直說時，公司裡經常出現爭執的場面。由於每位員工都對自己的本事相當有自信，因此常常會發生口角：「你這樣做不對」、「這種品質不行」……

但是我通常對這種情況置之不理，也不會刻意居中調停。當彼此還未取得共識，卻硬要雙方和解，我認為這根本毫無意義。

這段過程中，我發現了一件有趣的事。

愈優秀的人愈不會吵架。

他們也是人，聽到不中聽的話語一樣會發火，所以才會吵架，不過，也會立刻有所自覺，因為他們都是為了創造好產品而努力工作，不想浪費時間與人爭吵，花時間在這種事情上，只會讓他們覺得愚蠢。

於是，他們停止意氣之爭，開始理性辯論，評斷的基準只有一點：「誰的意見最符合使用者的需求？」他們會競相提出自己的意見，然後，接受最有說服力的說法。或者，讓雙方意見交戰，藉此激盪出更好的靈感。一旦歸納出自己能夠認同的結論，就會根據結論全力以赴，這樣才算是有建設性的爭辯。

另一方面，也有人不停與人爭吵。

在分出勝負之前，絕不讓步，一直爭論到對方認同他為止。

為什麼會這樣呢？仔細觀察之後，我明白了其中原因。簡而言之，他們是在**為自己**戰鬥，為了堅持自己是對的，而不斷攻擊對方，決不是在**為使用者**據理力爭。說穿了，他們一點也不想做出好產品，甚至可以說，他們只是在**為自己**工作罷了。

因此，優秀的人懶得理會堅持「自己是對的」的人，一再和無心做出好產品的人爭論，爭的也只是無聊透頂的勝敗而已，根本無法創造出任何有價值的事物。只有真心想做出好產品的人才會聚在一起，集思廣益，創造出優秀的產品。

公司內部就這樣展開了自然淘汰。

愛吵架的人自然而然被迫選擇，要不就是不再**為自己**工作，要不就是離開公司。

就算是現在，剛加入LINE公司的人似乎都會有些驚訝。

因為同事之間都不會刻意包裝真心話，而是直來直往地爭論。不過，這與吵架完全不同，他們知道，就算被批評得體無完膚，對方也不是針對自己，而是為了使用者，認真探索答案。在這個過程中，存在著彼此都是為了創造好產品而努力工作的信賴感，基於這份信賴感，才能讓有話直說的文化有效運作，形成創造更出色產品的原動力。

反過來說，在缺乏這份信賴關係的公司裡，推行有話直說的文化，則是相當危險，因為那些**為自己**工作的人會開始擊潰對方。歸根究柢，應該要探討的是，這家公司的人「到底是為了什麼工作？」也就是說，「這是什麼樣的公司？」

20

「人事評量制度」力求精簡

愈是複雜反彈也愈大

LINE公司的人事評量制度非常精簡。

他們採用的是「三六〇度評量」，也就是讓每一位員工以多角度的評量基準評估各自的上司、同事與下屬，並且要求被評定為「可有可無」的人加以改善。我們實施的就是這種精簡的制度。

事實上，在LINE誕生之前，公司採用的是極為複雜的人事評量系統，亦即包含幾十個評量項目的五階段自我評量，並由主管進一步評量之後計算出總分，再與下屬面談告知評量結果……這是考慮到員工對人事評量的不滿，會嚴重影響公司內部的士氣，所以採用如此精細的評量系統。

但是大家對這套系統的評價都非常差。

最令人詬病的是太浪費時間心力。

現場的員工必須辛苦填寫評量表裡的幾十個項目，但是最辛苦的還是管理階層。由於各部門編制不同，有的主管光是處理人事評量就花了將近一個月的時間。

而且，員工的滿意度也很低。「你這一項雖然只有一分，但這一項是三分，而你的總分是×分，所以要再加油啊！」員工聽到這番話也是一頭霧水，不知道應該從哪一方面著手加強。

最棘手的是，有的員工會想辦法「破解」（hack）這套評量系統。

舉例來說，有的人對工作並不十分投入，卻很積極地和上司一起喝酒。這樣一來，上司就會在「溝通能力」項目中給予高度評價。另一方面，工作態度認真、也拿出了成果，但是不應酬喝酒的員工，在「溝通能力」項目就只獲得了較低的分數。

沒有人能接受這種評量標準。

評量系統愈複雜，破解的方法就愈層出不窮，反而使工作成績不錯的員工愈來愈不滿，形成本末倒置的情況。

這無疑是惡性循環。

根本是既耗費時間，又會引發不滿的系統。

於是，我們不禁思考：

「歸根究柢，評量到底是什麼？」

仔細想想，身邊的人每天都在評量我們。如果覺得自己可以信賴，對方就會來找自己，也願意和自己商量事情。相反的，若是無人理會，即表示別人對自己沒什麼好評。

由於LINE公司擁有時時刻刻有話直說的組織文化，對於得不到好評的人，溝通時**確實**不會對他太客氣，態度十分明顯。既然如此，讓人事評量簡單明瞭地呈現這一點不是很好嗎？從中誕生出來的，就是現在這套人事評量系統。

可想而知，被評為「可有可無」的人一定會大受打擊。如果平時沒有意識到這一點，讓自己錯失努力成長的機會，那實在是太可惜了。若是真的沒有注意到，就應該藉由人事評量清楚告知，讓他發奮振作，這才是對他有益，不是嗎？

21

公司不是「學校」

獨立自主是教不來的

公司不是學校——

這是理所當然的。

公司是工作的地方，不是教育機構。

因此，LINE公司不會實施員工教育訓練或研習等活動。徵才面試時，如果對方問：「請問有沒有相關的研習制度？」我們反而會忐忑不安：「這個人沒問題吧？」

事實上，以前還是NHN Japan的時代，曾有一段時期安排了教育研習制度。為了提升員工的技能，規劃了相當充實的課程。但是我立刻發現這麼做很蠢。

原因是有熱忱的員工會來參加，可是沒熱忱的員工就不會來。「既然都安排了，就來聽聽吧……」我們雖然要求那些意興闌珊的人一定要來參加，卻沒有多大成效。這是很正常的，因為他們根本不感興趣。

相反的，有熱忱的人如果認為有需要，自然會主動學習。例如請教上司、閱讀書籍、去學校進修……既然如此，倒不如由公司出資補助員工的自主學習。這就是我們得出來的結論。

我本來就不太喜歡「教育」一詞。

因為，就像「**接受**教育」這句話一樣，看到的是被動的態度。當然，小時候為了生存，一定要接受教育，學習最基本的必要知識與教養。

但是，踏入社會之後，我便無法理解「接受教育」的觀念。之所以進公司工作，就是想在這家公司實現某種理想，而我們也只打算錄用對公司理念有共鳴的人，因此，員工本身自然要具備「想進修」、「想成長」、

「想學習」的自主能力，所以我才會覺得這種被動的態度很不可思議。

工作不是人家給的，是由自己創造出來的。也就是說，獨立自主是一切的根源。如果缺乏獨立自主的能力，絕對無法做好工作，也沒辦法一展長才。因此，開口希望公司提供教育的人，當下就讓我覺得有問題。

這種人甚至還會說：

「就是因為公司沒有提供教育，害我無法成長。」

這只不過是把教育當藉口罷了。

因為我不容許這種藉口，所以也盡量不在公司裡使用教育一詞。

倒不如說，「教育」才會對這種人造成危害吧！因為獨立自主是教不來的。

與其如此，不如放任不管，直到他們自行醒悟：

「自己有所不足。」

「再這樣下去，我就會一無是處。」

人必須等到有所自覺時，才會開始認真學習。
除此之外，應該沒有其他方法可以學會獨立自主。

22

不必提高「士氣」

沒有幹勁的人稱不上專業

提振下屬的士氣——

大家都說，這是主管的重要職責。

但是我強烈質疑這一點，原因在於企業聘用的是專業人士，如果非得透過公司或是主管幫忙才能提高士氣，這樣的人根本稱不上是專業。反過來說，我覺得人們把這當成一般常識來談，似乎也證明了整個社會趨向幼稚化。

不想主動學習、不願自發採取行動的人，不僅無法盡責地做好工作，也不可能創造出新的產品。我認為公司應有的面貌，便是一群有熱忱的人聚在一起，雖然偶有衝突，依然同心協力讓好產品問世。

在工作上傾注熱情卻難以展現成果、被摘掉專案負責人的身分、專案胎死腹中……任誰都會遇到熱忱減退的時期。

我自己也曾經為了公司發展所需，不得不通知員工必須將主管降職或中止專案。碰到這種情形時，我並沒有什麼可以讓對方平心靜氣接受的技巧，只能誠心誠意傳達經營方的理念，並且認真向他們說明面對新挑戰的重要性。除了真誠面對員工之外，別無他法。

如果他們依然士氣低落，那也無可奈何。商業以結果論英雄，公司不可能為了顧及員工士氣，而持續進行不可能成功的專案。只因為被踢出做不出結果的專案就灰心喪志，這樣的人根本稱不上真正的專業。儘管殘酷，但這就是商業的現實景況。

不僅如此。

最大的問題在於，需要別人來鼓舞士氣的人，其實往往會扯優秀人才的後腿。

我常聽到在大企業任職的人說，管理階層的工作非常累，不但要負責下屬的教育訓練、評量、批示轉到自己手中的一大堆文件、寫報告給經營階層，甚至還得提升下屬的士氣。由於忙著處理和使用者無關的雜務，不得不把工作帶回家做，如果這種情況長期持續，任誰都會感到筋疲力盡，最後只得放棄「為使用者著想」的志願。我只能說，這種用人方式浪費了優秀的人才。

身為企業主力的優秀管理階層，身邊帶著需要提升士氣的下屬，這樣對工作有益嗎？對企業來說，只會增加管理成本而已。歸根究柢，我認為問題的本質就在於公司裡有這樣的員工。

想要展現出色的成果，最重要的就是不要讓瑣事干擾優秀人才，並且為他們提供可以全速運作的環境。如此一來，自然會得出以下結論：公司裡不需要沒有鬥志又無法創造價值，還會拖累優秀人才的員工。

因此，我認為沒有必要提高員工的士氣。

這並不是公司或主管的問題，而是每一個員工的問題。

再說，大草原的野生動物會有「最近實在提不起勁……」這種想法嗎？根本不可能，牠們只會拚命地想著如何生存下去。在公司工作，不也是如此嗎？

第4章

不需要「大人物」

23

不需要「大人物」

真正的領導者，會用自己的夢想打動別人

社長一點也不偉大——

這是我的想法。這並不是什麼特別的重大宣示，每個人應該都這麼想吧。我在公司走動時，很多人根本沒注意到我，更別說打招呼了，可是我完全不以為意。

對於發展順利的部門，基本上，我是採取不干涉主義。與其在他們進展順利時出言干涉，還不如提高部門組織的權限，更能增進工作的運作速度，讓事業發展得更好。不過，我有時候還是會對運作得很順利的現場工作產生疑問，這時，我會用LINE詢問相關人員：「為什麼要這樣做？」可是好幾次都被對方打發掉：「現在有點忙，請等一下再說。」

不過，我覺得這樣很好，或者說，如果自己的意見會讓他們不知所措，我反而更擔心。

大致來說，由於ＬＩＮＥ公司聚集了許多想要做出好產品的人，「大人物」只會干擾他們。他們感興趣的不是大人物，而是高手，也就是比自己更能持續創造出好產品的人。

如果社長本身就在製作好產品，那另當別論，如果不是的話，基本上，他們對社長一點興趣也沒有。我年輕時也曾經認為：「社長高高在上，應該很難相處吧……」也可以說，出類拔萃的人都討厭權威，因此，我想自己若是擺出架子，優秀人才應該會一個接一個辭職吧！

其實，我一直有個疑問。

我始終不明白，當大人物到底有什麼意義？

所謂「大人物」，就是能在背後運用權限、權力、權勢等力量驅使人們的人，但我不認為這是領導能力的本質。

因為下屬只不過是**無可奈何**的聽從而已。這麼做不但不能激發出團隊的能力，也會讓大家有機會找藉口。「因為社長那樣說」、「因為董事會那樣決定的」……在這種觀念之下，工作表現根本無法達到專業水準。

那麼，什麼才是領導能力？

我認為領導者是懂得訴說「夢想」的人。

他會對員工說：「使用者需要的是這個，所以，我們一起來實現吧！」、「讓我們為使用者提供這種價值吧！」問題在於他的訴求是否具有說服力與熱情，讓周遭的人對他的主張產生共鳴。這也算是一種決心吧！「就算只有自己一個人，我也要把它完成」，有時候這種決心便可凝聚大家的共識，組成一個實現夢想的團隊。

成員們對夢想產生共鳴之後的主動性，就是驅動團隊的引擎。他們並不是遵從大人物的指示，而是為了實現夢想，在各自的領域盡情發揮所長。我認為能夠帶領這群獨立自主的成員，並且主導團隊運作的人，才是真正的領導者。

因此，想擁有領導能力，不一定要成為大人物。當然，我並不是說領導者不需要權力，組織運作過程中絕對少不了權力，但是在背後利用權力驅動人們，並不是領導者的本質，關鍵在於自己的夢想能不能打動人心。

在我看來，如果能擁有許多具備領導能力的員工，這家公司就會強盛。所以對身為社長的我來說，最重要的便是不要讓自己成為大人物。

成了大人物反而更危險。

假使社長安於權力與權限，不顧社會趨勢及使用者需求，或者輕忽了在第一線與使用者周旋的員工的意見，而將公司帶往錯誤的方向……光是想像，就令人毛骨悚然。

24

不需要「掌控」

現場人員就是最高決策者

工作現場正全速運作——

在這種情況下，需要領導人做些什麼？

需要的是做出明確且迅速的決定。領導人如果決策下得太慢，現場只能中斷工作等待，鬱積許多無謂的挫折感，更何況，不明確的決策會讓整個組織走向錯誤的道路。

既然如此，該如何做出明確且迅速的決定呢？

我的答案很簡單，將「數目」縮小就好。

我認為，下決策有兩種方式。

一種是自己決定，另一種是指定「做決定的人」。

ＬＩＮＥ公司的事業涵蓋各種領域，而我只是個平凡人，不可能精通一切，如果想要自己決定所有決策，一定會使品質與速度同時變差。所以要把決策的範圍縮到最小，專注在只有社長才能決定的事情上。

接著是指定做決定的人。我會授權給該事業領域中能力比我還要強的人，由他來決定一切。到底要交給誰？我認為這才是領導人應該做的最重要決定。

做決策時，本來就是離現場愈近愈好。

因為現場人員距離使用者最近，他們擁有的感性十分貼近使用者的需求，並且不時為使用者著想，當然是最適合的決策者。

距離使用者最遠的社長如果在這時候出來多管閒事，根本毫無意義。舉個例子，我已經是「大叔」了，在設計以高中女生為主要對象的服務內容時，若是開口問：「這個紅色是不是不太對啊？」只會礙事，現場人員也會覺得很難做事。

倒不如授權給現場人員，讓他們照自己的意思充分發揮。當然，自由必定伴隨著責任，所以他們也必須為結果負責。雖然自由，卻很嚴格，這就是現實，不過，工作也因此充滿了熱情。

這一點在戰略上也是正確的。

我聽過一件很有趣的事。據說這幾年來，軍隊的指揮方式有了巨大轉變，世界各國的軍隊過去都是採行中央嚴格掌控的方式，最近則是把決策權移交給現場士兵。理由很明顯，目前的戰術以游擊戰、局部戰爭（local war）為主，而每一處戰場的情況根本截然不同，若由中央掌控，根本無力應付。

這一點也能套用在現代商業中。

因為使用者的需求愈來愈多樣化，每一個事業領域、每一種產品都堪稱是一場局部戰爭，不但使用者各有不同，需求也有所差異，製造者所需具備的感性當然也不一樣。因此，交由現場人員判斷才是正確的，由中央掌控根本毫無意義。

所以我的工作就是指定做決定的人。

並且將一切交給他，不出言干涉。

我若是開口干涉，就表示要請對方走路了。如果我撤換了做決定的人，一樣拿不出成績呢？到時候，我就會請辭負責。

事情其實非常簡單。

25

商業不需要「人情」

不要建立「依賴結構」

我認為經營很簡單。

社長找來術業有專攻的人，委託他處理某個領域的工作。如果工作進行得不順利，就會換人；一切順利，便繼續維持下去。專案的存廢也是如此，成績若是亮眼，就會擴編；成績慘澹的話，便會裁減人員，有時甚至會解散。我想，經營只要貫徹這項原則就好。

「公司發展得不順利……」

我常常聽到大家這麼說。不過，我覺得公司發展不順的原因通常十分明顯，因為成果不佳的專案，從數字就看得出來。

這一點和足球一樣。假設有一支苦吞連敗的足球隊，只要分析敗因，即可明白究竟是因為得不了分而輸球，或是得了分依然輸球。雖然有得分，卻也讓別人得了超過自己的分數，問題便是出在防守上，必須更換守門員。相反的，守門員守得滴水不漏，但是得不了分，那就得更換前鋒。除此之外，還有辦法讓球隊獲勝嗎？

問題只剩下要不要做而已。

然而，這一點通常很難做到。

為什麼？因為「人情」作祟。不忍心把他降職、中止那項專案對成員太殘酷了……於是，對應該要做的改變置之不理、拖泥帶水，導致情況愈來愈糟。

這樣算是真正的憐憫嗎？我並不認為。我認為應該把業績不佳的主管降職，讓他力圖振作。只要他願意化悲憤為力量，一定能增進自身的實力，到時候不妨再次重用他。如果為了維護對方而下不了決心，反而剝奪了讓他們成長的機會，最後，他們不但無法藉此成長，姑息失敗專案的結果，也會讓公司蒙受損失，最糟糕的情況，甚至會讓公司陷入危機。因此，這並不是憐憫。

我本身相當懷疑這種人情。

我認為，這應該是藉口憐憫別人，其實尋求自保吧！

因為社長如果撤換了業績不佳的主管，成績依然不見起色，他就得請辭負責。為了避免這種情況，才對下屬的責任含糊帶過，他們的本意應該是想建立一種「依賴關係」吧！如果社長因為這個緣故而不做該做的事，問題只會變得愈來愈複雜，這樣一來，公司自然不可能順遂發展。

所以我總是抱著扛起責任的決心，對於業績不佳的主管給予降職處分，或者毅然決然中止專案。當下一定會有人討厭我，甚至怨恨我，但這也是無可奈何的事。被員工討厭，社長當然很難做事，可是社長的工作並不是討好員工，讓員工成長、帶動企業發展，這才是社長的責任。因此，儘管不近人情，我認為還是要抱定決心，單純貫徹商業的原則。

另一方面，當公司發展順遂時，就不需要任何改變。社長不要節外生枝，只要全權交由現場員工處理，並且適時關注現場情況，持續提高現場的權限，以便維持現有的良好運作。甚至可以說，當公司順利發展的時候，根本不需要社長，最理想的情況便是現場人員主動提出：「請放手讓我們去做。」

社長只要在商業環境急遽改變，或者公司出現危機的徵兆時，再次挺身而出，改革公司內部即可。

26

不要具體化「經營理念」

徒具形式的理念會毀掉公司

「要不要明文列出貴公司的經營理念？」

有位顧問曾經這麼建議我。

經營公司的過程中，最重要的便是建立經營理念。

「公司是為了什麼而存在？」、「經營的目的是什麼？」、「公司的行為規範是什麼？」如果不明確定出經營的基本原則，就會做出錯誤的決策與行為，使公司陷入危機。於是，我開始著手進行這項作業。

可是我立刻發覺這麼做是白費工夫。

我並不覺得明文列出經營理念，具有根本的意義。

首先，即使經營理念目前對公司來說是正確的，也有可能因為時代變遷而不合時宜，成了不切實際的產物。當然也可以到時候再適度改寫內容，但是恐怕它又會在改寫的過程中變得落伍過時，尤其網路產業瞬息萬變，更不應該冒這種風險。

LINE公司當然也有經營理念。

從公司的經營階層到每一位員工，全都是以這種心態面對工作：「為使用者提供真正需要的產品」、「讓社會更富足」、「透過服務為使用者帶來幸福」。

以上可說是LINE公司的理念。既然平常工作時便抱著這些理念，也沒必要特地將它明文規定吧？

倒不如說，將經營理念明文規定反而更危險。

因為明文規定之後，恐怕會使理念徒具形式。

舉例來說，很多公司每天早上都要讓員工跟著朗誦經營理念。

各位如果是員工，心裡會怎麼想？平時認真工作的人，肯定會覺得這種儀式很愚蠢吧？其中一定有人不願意加入唱和的行列，心想：「與其花時間行禮如儀，還不如讓我回去工作！」

這樣一來，會發生什麼事？

一定會有人跳出來指責。

「你為什麼不跟著誦讀？」

「你這樣還算我們公司的員工嗎？」

沒有人喜歡被臭罵，所以，優秀的人才有可能會因此萌生辭意。這根本是本末倒置，當經營理念徒具形式，甚至有可能毀掉公司。

所以我最後打消念頭，不再明文規定經營理念。

重點不是形式，而是實質。將經營理念明文規定並沒有意義，真正有意義的是讓每一位員工對理念有共識，將它落實於每天的工作中。

要做到這一點，唯一的方法不就是只聘用擁有這種理念的人，並且好好珍惜為了使用者而勤奮工作的員工嗎？讓員工每天早上大聲朗誦，或是把它鑲在氣派的畫框裡掛在牆上，根本無法讓經營理念滲透到員工的心裡。倒不如說，如果因為這麼做，而讓經營理念流於形式，那才是最可怕的狀況。

27

不規劃「願景」

與其預測未來，不如專注當下

「這家公司的願景是什麼？」

「中期和長期的戰略是如何呢？」

一直以來，不斷有員工和媒體朋友問我這類問題。

而我每次都這樣回答：

「沒有，我們公司沒有什麼簡單明瞭的願景。」

聽到我這麼說，有些員工立刻顯得很不安，媒體朋友們也一臉失望的樣子，頓時讓我感到有點抱歉。可是，沒有就是沒有。我反倒想問：「為什麼一定要有願景？」

這幾年來，大家紛紛強調經營願景的重要。

「願景」是什麼？它指的是企業根據經營理念，以「具體」的中長期計劃呈現想要達成的目標。換句話說，就是「展現未來」，彷彿這是經營者的重責大任。

但實際上真的是這樣嗎？

誰也不知道未來會如何，要白紙黑字寫出未知的事物，更是困難。特別是在現在這個變化劇烈的時代，以一副了然於胸的口吻大談未知的事物，不覺得更不負責任嗎？

回顧自己的工作經歷，我也只能說：「未來實在是未知數。」進入HanGame Japan公司工作時，我們的目標是努力取得個人電腦線上遊戲的龍頭寶座。然而，隨後出現了功能型手機，智慧型手機也接著問世。當初想得到未來會是如此嗎？當然不可能。更別說ＬＩＮＥ會成為全球數億人都在使用的服務，根本連想都想不到。

這不就是商業的真實情況嗎？

既然這樣，還不如不要提出願景。

提出了反而會受到束縛。舉例來說，如果提出以功能型手機拿下業界第一名寶座為願景，當智慧型手機問世，光是這個願景就會讓自己的腳步慢了一、兩步。不但得說服跟隨公司過往願景的員工改變，還得費一番工夫更換新的願景。在耗費時間處理的過程中，公司早就已經跟不上時代的變化。

想要在瞬息萬變的時代中生存下來，最重要的就是及早改變自己，所以我不認為特地規劃一個會阻礙改變的願景有什麼意義。對公司來說，預估無從得知的未來，是無謂的工作，倒不如專注應付眼前的需求。因此，重點應該放在保持敏感，隨時注意需求變化的徵兆。

話說回來，人們為什麼要追求願景？

我想，也許是希望有人能展現對將來的預測吧！希望有人能為他們消除「不知道將來會怎樣」的不安，讓他們放心。

但是我認為這種心態更危險，因為失去了危機意識。人唯有在不安惶恐時，才會繃緊神經，也才能敏銳察覺使用者的改變，遇到狀況時，反應就會比別人快。唯有讓這種野性的感覺變得更加敏銳，才能生存下來。如果公司裡這樣的員工僅是少數，我相信絕對無法生存在這多變的時代。

28

「戰略」一定要精簡

難以理解的指示，會使現場人員陷入混亂

經營的關鍵就是簡單明瞭——

這是我從事經營工作學到的一件事。

如果經營者覺得「每一項都很重要」，而下達難以理解的指示，會使工作現場陷入混亂。因此，只要簡單明瞭地傳達最重要的事情就好，這是將組織能力發揮到極致的重要關鍵，所謂的戰略就是如此。「一網打盡」並不是戰略，「集中火力」才是。

當我加入HanGame Japan公司時，立即深刻瞭解這一點。

在日本電視台時期學習MBA的我，想透過各種經營指標或分析手法

擬定戰略。例如SWOT分析、ROA、ROE……但是誰也看不懂，或者應該說，沒有人想要理解。這是很正常的，他們全是製作遊戲的專家，本來就對這些漠不關心。當他們對我說：「跟這比起來，更重要的不是創造『好產品』嗎？」我頓時恍然大悟，沒錯，這才是正確的。

學習經營學可以獲得各種知識。

這對經營者而言相當重要，但是和工作現場的人分享這些知識並沒有意義，反而會妨礙他們的工作。

以經營餐廳來比喻，可能比較容易想像。舉例來說，把各種經營指標或分析結果告訴在廚房工作的主廚，有任何意義嗎？在他看這些資料、反覆思考的過程中，菜餚早就冷掉了。還不如直接告訴他：「我希望你做出好吃的菜。」畢竟一家餐廳能否順利經營，取決於端出來的菜餚好不好吃。好吃的話，客人就會繼續光顧；難吃的話，客人再也不上門。就是這麼簡單。

經營企業也是一樣。只要讓現場人員專心做出「好吃的菜餚」（亦即「好的產品」）就好。除此之外，全是畫蛇添足。

因此，LINE公司的戰略只有一個。

「比任何公司更早一步推出高品質的產品。」

現場第一線的主管也不斷告訴員工這項簡單明瞭的指示，因為他們對這項戰略深具信心。

當然，根據各種局勢下達的命令也要簡單明瞭。

我來舉個例子，當我們看到LINE即將大受歡迎的跡象時，決定堅持以下戰略：「LINE事業不賺錢也沒關係，只要能夠擴大使用者規模就好。」

網路商務中的重要關鍵就是招攬用戶。用戶規模愈龐大，往後就愈能帶來商機。因此，我們當時覺得應該把營業額擱在一邊，全心全意為使用者的利益著想。

老實說，身為經營者當然會希望營業額與盈利兼顧，但是，如果下達「要增加營業額，也要擴大使用者規模」這種自相矛盾的指令，只會讓現場人員陷入混亂。與其如此，不如讓現場人員盡全力擴大使用者規模，因此才特地下達「不賺錢也沒關係」這道明確的指示。

結果，員工們以驚人的速度陸續開發出免費電話、貼圖、遊戲、官方帳號等各項新服務，成功讓ＬＩＮＥ成為全球成長速度最快的服務之一。

29

一味守成便無法進攻

下定決心捨棄「過往的成就」

一味守成便無法進攻——

我認為這才是生存在這多變時代的「經營鐵則」。

當新事物變多，就會出現否定舊事物的情況。但麻煩的是，所有成功的企業都是靠舊事物才有今天的局面，因此，說什麼也要堅守，而無法適時面對新事物。換句話說，便是失去了攻擊的能力。

當我還在索尼工作時，有件事讓我深刻體會到這一點。我有一段時期隸屬於行動裝置事業提案部門，那時候打算成立透過網路將行動裝置與內容加以結合的新事業，而我卻在那裡見到了殘酷的現實。

當時索尼也在研發與iPod同樣概念的產品，可是我只覺得產品的方向正逐漸走偏。原因在於為了避免自家產品遭到仿冒，而嚴格地施以技術性的限制。

產品遭到仿冒，除了損害著作權人的利益，也無法保護自家公司的利益，但是為了這一點而製作出不符合使用者需求的產品，仍是錯誤的做法。由於誤判了網路這項「新事物」，結果敗給了無須守成的蘋果（Apple）。

不過，我也犯過同樣的錯誤。

當時HanGame Japan公司，在個人電腦線上遊戲領域中，取得日本第一的寶座。於此同時，功能型手機的遊戲需求正逐漸增加。我們察覺到這一點，便在二〇〇四年架設了功能型手機專屬的遊戲網站。至於「Mobage Town」（註：日本DeNA公司經營的行動電話入口網站兼網路社群服務。）是在二〇〇六年開放使用的，所以我們足足早了兩年。

可是我們卻弄錯了定位。

我們把主力放在個人電腦，只將功能型手機當成輔助。總而言之，就是想要守住個人電腦服務的市場，但這一點都不符合功能型手機使用者的需求。

DeNA與GREE便在此時趁虛而入，陸續推出功能型手機專屬的遊戲網站，並且大獲成功。我們費了一番工夫，才在二〇〇八年架設了同樣的網站，但是為時已晚，再也無法力挽狂瀾。

這實在是一次慘痛的挫敗。捨棄成功確實很難，不僅害怕營業額下降，也捨不得拋棄過去的資產。經營者當然會想要守住這些，只是這樣做的結果，就是會誤判情勢變化。正因為如此，更要下定決心揮別舊事物。這就是我得到的深刻體悟。

後來，我們記取了這次教訓，當智慧型手機這道變化浪潮來臨，經營階層都贊成「將資源全部集中在智慧型手機」，因而比其他公司早一步建立起專攻智慧型手機使用者市場的體制。

機會於焉誕生。許多因為功能型手機獲致成功的公司，都會想要守住過往的成就，其中一項就是使用者ＩＤ，他們推出的App需要經過與功能型手機共通的ＩＤ驗證，但這一點並不符合使用者的需求，因為太麻煩了。以致使用者雖然下載了這些App，實際使用的機率卻相當低。

於是，ＬＩＮＥ企劃的開發成員基於「電話通訊錄就等於人際關係」這項概念，不僅不使用推特及臉書的ＩＤ驗證，也將同一個集團的HanGame與ＮＡＶＥＲ、livedoor排除在外，建構出只用電話號碼就能輕鬆驗證的簡單機制，這就是ＬＩＮＥ得以普及的原因之一。

如果經營方想要守成，該怎麼辦呢？恐怕也無法遵循他們的決定。所以我重新思考「一味守成便無法進攻」這句話，為了迎接未來可能再度造訪的劇變，絕對不可以忘了這句話。

第5章

無謂之事一概不做

30

不需要「計劃」

就是因為有計劃，才不懂得變通

「不需要事業計劃。」

我經常斬釘截鐵的這麼說。確實有些公司沒有擬定願景（中長期計劃），但是幾乎沒有企業連年度計劃都不做，所以我這番言論總是讓大家嚇一跳。當然，這樣的做法並非所有企業都通用，我認為每個企業或事業都要選擇適合自己的做法。

事實上，我剛成為NHN Japan公司的社長時，曾經擬定了周密的計劃，並要求員工們徹底遵守，因為我覺得那是「經營的常識」。由於我在日本電視台、索尼等大企業工作過，對日本式經營已相當熟悉，取得

ＭＢＡ學位後，也學到了美國式經營。這兩種方式都是以「具體規劃事業」這項重要概念為基礎，所以，自然覺得也適用於NHN Japan公司。

但是這套做法並沒有發揮作用。

理由非常簡單，網路世界實在變化得太快了，很難正確預測幾個月後的情勢。當市場環境改變，計劃也得要跟著變更，公司內部也會因此產生歧見。

「社長老是反反覆覆」、「社長很善變」……每當我改變計劃，就會聽到部分員工的抱怨。即使我解釋：「因為時代改變了，我也沒辦法啊！」他們也很難諒解。這一點讓我有些困擾，我不介意被員工批評，但是最大的問題在於改變計劃需要耗費一番心力。因為，對我們的業務而言，最重要的關鍵就是如何快速應變。

當我們著手研發ＬＩＮＥ時，我發現了一個簡單的解決辦法。

「乾脆不要公布計劃。」

在我看來，日本人總是認為改變是不好的。因此，有的員工會對改變計劃有負面的反應，既然如此，乾脆不要公布計劃。這樣一來，誰也不會發覺計劃有沒有改變，每個人都能快樂地工作，最重要的是，再也不會排斥改變。

嚴格來說，不可能完全沒有計劃。

我只不過不再對內公開詳細的計劃內容，只告訴各個事業部門的主管希望達成的標準，之後便由各部門自行決定如何進行。

聽到我這麼說，一定有人會問：

「這樣一來，現場人員不就會在達到設定的標準後鬆懈下來嗎？」

會這麼問是很正常的。不過，ＬＩＮＥ公司有許多充滿熱忱、想要製作出好產品的員工，只要讓他們掌握主導權，就不必擔心出現這種鬆懈的氣氛。

更何況，他們對於使用者或市場的變化比任何人都敏感，一旦察覺有異，不必任何人提點，他們就會自行判斷、更改走向。因此，有了計劃反而會在他們想要改變時出現扯後腿的人。既然如此，與其將計劃昭告天下，不如由他們掌握主導權。

如此，他們便能全心投入，快速製造出高品質的產品。當使用者肯定這項產品，自然會達到目標數字。只要優秀員工們沒有被計劃束縛住，盡情地一展長才，一定會做出超出我想像的成果。

在ＬＩＮＥ公司裡，社長的職責並不是全盤公開計劃內容，而是替想要做出好產品的優秀員工，創造能掌握主導權的職場環境。

31

不需要「行政管理人員」

不要區分計劃者與執行者

關於事業計劃，我還想提出另一個意見。

那就是不可以區分「計劃者」與「執行者」。

多數大企業裡都有負責研擬計劃的人，也就是所謂的「行政管理人員」，有時候行政管理人員的權勢，甚至會高過每天面對使用者、拚命想要做出好產品的現場人員。這一點總是讓我感到疑惑，因為這麼做會產生極大的弊端。

最大的弊端是行政管理人員會仗著權勢，以達成計劃為目標。

例如規劃工作進度。如果經營型態是工序掌控得宜，就能照計劃生產產品，那麼規劃進度是有意義的。但是對於研發新產品的創意工作來說，工作進度不一定能照表執行。

創意是一種「無中生有」的工作。想不出好的靈感時，就無法有下一步進展。這本來就是一項不可能「規劃」的工作，若是堅持照表進行，只能犧牲品質了。

業績目標也是一樣。發現目前的情況不可能照計劃在年終達成業績目標時，只好硬著頭皮推出品質差的產品充數，這不是本末倒置嗎？

我們不可能為了達成計劃而製造出產品，最終還是得做出讓使用者心滿意足的產品。因此我認為，如果行政管理人員仗著權勢扭曲了工作的本質，那才是最嚴重的弊端。

不僅如此。

還會引發另一個嚴重的問題，就是計劃不容許失敗。通常計劃都是由行政管理人員擬定，再交由現場人員付諸實行，如果不能照計劃完成，那就是現場的責任，不會歸咎於行政管理人員。因此，「聰明人」都想擔任行政管理人員，這才是出人頭地的捷徑。

然而，就本質來說，這是正確的嗎？我十分懷疑。對公司而言，最重要的是製造出使用者會喜歡的產品。為了這一點而全力以赴的現場人員，難道不是最值得犒賞的單位嗎？

因此，LINE公司裡沒有所謂的行政管理人員。

事業主管會與現場人員一起討論如何執行工作，並且和各個團隊分享計劃，這就足夠了。

我們當然也不會將它書面化，因為團隊成員每天都在討論，不必特地白紙黑字寫下來，每個人的腦袋裡也都瞭解這項計劃。再加上情況隨時會變，將計劃書面化毫無意義可言。與其每次都得大費周章一一修改文件，不如盡全力製作產品。

這麼做不僅不會產生任何問題，反而會呈現最理想的狀況。因為是自己決定實行的計劃，所以能具體實踐；也因為是自己思考出來的計劃，才有能力付諸實行。

32

光靠「制度」無法成功

標準程序會破壞創造性

我認為，如今的時代，已無法光靠「制度」就能成功——

想要讓同一件事情有效率地持續運作，建立制度確實是最有效的方式，只要將業務程序化及標準化，便能打造出任何人來做都能出現同樣結果的環境。所以一旦人事費用低廉的中國或越南等國家，也建立了同樣的制度來展開這類業務，我們絕對贏不過人家。如今的時代，再也無法利用制度創造競爭優勢了。

相反的，這種業務相當危險。因為在現代，若是不能持續創造新的價值，便無法生存下來。但是，單憑制度不可能產生新事物，在我看來，難以「制度化」的部分正是競爭力的來源。

LINE公司幾乎沒有標準程序。

公司只要求現場第一線「比任何公司更早一步推出高品質的產品」，至於做法則完全交給現場人員決定。不，應該說，做法根本無法標準化，所謂的創造性（Creativity），完全是屬人主義。

這是理所當然的。舉例來說，作曲方法能標準化嗎？自然不可能。如果可以的話，每個人都能成為貝多芬或莫札特了。古往今來，所有作曲家都是依照自己的方式創作歌曲。

同樣的，每個人創造熱門產品的方法也各有不同，絕對不可能加以標準化。有的員工在有了新產品的構想後，若立刻著手製成實體產品，就更能盡情發揮想像空間；有的員工則習慣先寫成企劃書，用文字清楚表達概念之後，更容易落實想法。如果執意將這段過程標準化，只會扼殺他們的創造力。

團隊也是如此。

LINE公司裡，每個團隊的工作方式都不一樣。有的團隊是由企劃負責人主導，整合概念之後，再交由設計師與工程師讓它具體成形；也有的團隊是由設計師與工程師製作出產品，企劃負責人則扮演輔助的角色。這是配合團隊成員的個性與特質，自然形成的組合，也就是所謂的生態系統。

若是硬要把他們塞進某個框架裡，只會使團隊失去創造性。經營者最好不要假借制度化的名義，做些不必要的事情。不管現場人員用什麼方法，只要他們能做出好產品，就是好的方法。

話說回來，該如何打造這種生態系統？

方法只有一個。為有貢獻的人保持無拘無束的環境，不要強迫他們接受組織的做法，而是由組織配合他們的方式，同時也要容許每個團隊採取不同的工作方式。除此之外，別無他法。

這麼做將培養出公司關鍵的競爭力。

因為生態系統不像制度，是第三方難以模仿的體系。所以，我認為難以制度化的部分，正是競爭力的來源。

33

不需要「規定」

捨棄所有阻礙效率的事物

速度決定網路產業的成敗。

除非技術差距太大，否則新價值一問世，往往立刻就被抄襲。因此，工作的方式也必須考慮到這一點。創造出新價值的同時，也要以最快的速度不斷改良。若是在速度上遠勝競爭對手，就能拉開與對方的距離，這就是網路產業最簡單的必勝法則。

既然如此，該如何提高速度？

很簡單。不要畫蛇添足，一切以精簡為原則。

無謂的會議、無謂的申請書、耗時的裁決、每天向上司報告……「這些真的有必要嗎？」如果針對這一點重新檢視，就會發現許多無謂的規定。把這些全部去除，便只剩下投入主要工作的時間，想當然耳，速度就會提高到最大限度。

舉例來說，LINE公司不會製作專案計劃書。如果是重視權限及職責的公司，一定會製作一份嚴謹的計劃書，經公司批准後，才交由工程師與設計師著手進行，這樣一來便浪費了龐大時間。

LINE公司採用的不是「棒球式」經營管理，而是「足球式」，只要工程師與設計師在產品概念上取得共識，不必特地製作計劃書，就能立刻著手研發產品。由於權限已移交給現場，現場主管也能當機立斷：「做吧！」決定製作之後，設計師會立即繪製使用者介面（User Interface），工程師再根據設計圖開始進行專案。因為是突然開始起跑，速度當然非常驚人。

必須注意的是，不是只取消撰寫計劃書就好。公司裡若是還殘留著注重權限與職責的文化，取消計劃書只會讓現場陷入混亂。如果不充分授權，現場便無法作主，還是得等候上級裁示，浪費了寶貴的時間，取消計劃書的效果十分有限。

這並不只是計劃書的問題而已。光是取消會議、申請書、報告，不一定能提高工作速度，有時反而會造成大亂，讓效率變差。因為再怎麼更改「表面的現象」，也是治標不治本。

重要的是把工作全權交給擁有熱情與技術，一心想做出好產品的野性前鋒們。他們每天面對使用者與市場，不必提醒，也非常清楚速度的重要性。就算放任不管，同樣會全速急馳，組織要做的就是持續配合他們。

所以我們才要授權，採用「足球式」的經營管理，並且排除阻礙他們全力奔跑的各項規定。當這些措施組成有機式的結構，就能將整個組織的速度提升到頂點。

只要提高底層的水準，就可增加組織的能力——

以往的組織論如此強力主張，全力幫助「無能的人」，整個組織都能隨之提升。但真的是這樣嗎？我很懷疑。

倒不如讓前鋒全力衝刺，我們再拚命跟隨，更能激勵大家成長。因此，我的經營目標就是跟得上他們全力衝刺的腳步。我認為這才是打造強盛公司的最佳方法。

34

不必召開「會議」

排除想增加會議的「人」

經常有人說：「愈糟糕的公司愈愛開會。」

我非常同意這一點。

如果大部分員工都專注於自己份內的工作，這家公司一定會有亮眼的成績。反之，若大多數員工都安於讓會議填滿自己的行程表，這樣的公司不可能有未來。基本上，我自己是不出席會議的，要是我還得出席沒必要參加的會議，就沒有時間工作了。

因此，LINE公司裡雖然經常召開有關專案或服務的現場會議，不過沒有無謂的會議或徒具形式的會議。重點並不在於「開了會」這個表面事實，而是討論內容與決策的品質。除非事關重大的議題，否則用電子郵件溝通便足夠了。

既然如此，該如何減少會議呢？

首先，把想要增加會議次數的人排除在外。

我曾聽某位人士說過一段很有趣的話，他說，有個方法可以在大企業出人頭地，那就是擔任行政管理人員，盡量多出席會議。藉此及早發現有發展潛力的專案，隨即混進會議裡負責撰寫會議紀錄，並且大書特書，彷佛自己對專案的成功也有建樹。如果專案的情況不妙，也可以加以調整，避免歸咎到自己頭上。利用這種方式製造自己的「業績」，同時向高層展示，就能提前高升。

雖然是半開玩笑，但也不無可能。事實上，愛開會的人大多沒有在現場第一線面對使用者。對他們來說，能夠展現自己存在意義的場合，恐怕就是會議。因此，他們會開始召開一些無謂的會議，並把它當成自己的工作。或者在現場插嘴：「這在法規上會有問題」、「這項契約有風險」，藉此突顯自己的存在感。

然而，對於想要專心製作產品的現場人員來說，這無疑是干擾，只會造成負面影響。對別人的工作吹毛求疵、一味挑毛病，在我看來，就是工作能力不佳的人的典型做法。工作的目的是為使用者提供價值，但他們無意在這方面付出心力，沒有一個是有工作能力的。

既然如此，乾脆忽略這種人。就算有必要開會，也不必讓他們參與。這樣一來，他們就會在公司裡無立足之地，最後只得選擇改變自己的工作方式，或者離開公司，我們便能把他們專為自己制定的無謂會議清除得一乾二淨。

還有一點，取消會議的重要關鍵便是授權。

我在大企業服務過，因此非常瞭解這一點。一般來說，職位愈高，要開的會議就愈多，主要是因為參與決策的機會變多。這或許是無可奈何的事，但是開完一個又一個會議，就這樣耗去一整天的時間，根本無法好好做事。

倒不如將權力下放，交給值得信賴的下屬，自己就不必親自出席會議，而能把握時間，專注思考只有自己才能決定的重大決策。

當然，中階主管很難隨意授權給下屬。正因為如此，最重要的是由社長主動將權力慢慢釋放，同時建議下屬適度授權。

由社長率先示範，在公司建立起授權的文化，如此一來，會議自然會減少。

35

不必「共享資訊」

知道太多無謂資訊只會自尋煩惱

公司內部一定要共享資訊——

如今這一點儼然成了常識。公司應該建立完善的制度，讓內部共享公司與各部門的重點課題、目標及業績等資訊，一般認為，這就是經營者的職責。

我過去也是這麼想，所以會定期召集全公司的主管，舉行會議分享資訊。然而，某位業績長紅的優秀主管有一次對我說：

「這很浪費時間，能不能讓我回去工作？」

我聽了十分驚訝。想想，這項會議確實只是花時間交代與報告事項而已，並沒有產出任何和使用者價值有關的東西，還不如讓大家專注在創造價值的工作上。他說得一點都沒錯。

所以我取消了這項會議。

公司與各部門的重點課題、目標及業績，只要發布在公司內部的資料庫就好。儘管會依照職責層級限制可閱覽的內容，但基本上想看的人就可以自行瀏覽。我後來便這麼處理。

結果有出現問題嗎？

完全沒有。

反而營造出大家更能專注工作的環境。

如今對我來說，沒有必要實行表面且流於形式的資訊共享。

例如分享各單位的銷售狀況。這到底有什麼意義？如果知道之後能提升業績，那倒無妨。不過，那是不可能的。做這些事當然與使用者沒有任何關係，既然如此，乾脆不予理會，只要專注眼前的工作就好。

反過來說，有的員工會因為知道這些資訊而開始在意無謂的事情。隔壁團隊的業績是多少？自己的團隊又有多少？那個團隊達到多少業績、拿到多少獎金？諸如此類，愈來愈在意這些瑣事。這種類型的員工幾乎都是工作表現不佳的人，有亮眼成績的都是專注工作的人，他們本來就對其他部門的數字不感興趣。

也許有人會疑惑：

「知道其他部門的業績狀況，不是能激起公司內部的競爭意識嗎？」

想要在銷售上贏過其他團隊的競爭意識，的確可以帶動公司內部的士氣。但這是本質所在嗎？工作的目的是為了滿足使用者的需求，並不是展開公司內部的競爭。

若是陷入業績競爭，讓員工失去使用者至上的觀念，造成業績至上主義蔓延，這才是更危險的事。我不反對員工擁有正面的競爭意識，但是我不認為經營者刻意製造公司內部競爭有什麼意義。

商業應該更簡單。

只要提供好的服務，結果一定會愈來愈好——

相信這一點，全心全意為使用者提供價值，這就是成功的捷徑。公司分享無謂的資訊，使員工無法專注在眼前的工作，反而是問題所在。所以我認為資訊不必共享。

第6章

不以「創新」為目標

36

不追求「差異化」

使用者追求的不是「不同」，而是「價值」

不追求「差異化」——

這是我的想法。

因為差異化不是商業本質所在。

歸根究柢，什麼是差異化？

根據字典的解釋，指的是：「突顯自己與別人的不同之處。」也就是強調與其他產品的差異，藉此創造競爭優勢。自家產品與其他產品沒兩樣的話，確實沒有存在的意義，調查一下熱門產品，一定會發現它與其他產品明顯不同。

話雖如此，我並不認為追求差異化是正確的做法。因為追求差異化的當下，就迷失了最重要的觀點。

思考如何塑造差異時，我們著眼的是什麼？

通常是成為標的物的產品，以及競爭對手，思考過程中並沒有為使用者著想。換句話說，愈想要追求差異化，恐怕只會離使用者的需求愈遠。

使用者需要的不是「不同」，而是「價值」。對使用者而言毫無價值的話，再怎麼與眾不同，他們也不會多看一眼。

網路商業的歷史也告訴我們這一點。

當年雅虎（Yahoo!）與樂天等入口網站經營得非常成功，許多企業也紛紛跟進，提供類似的服務，亦即所謂的網路泡沫。但這些服務隨著泡沫崩解，絕大多數都消失了。

原因就是他們追求差異化。為了和雅虎或樂天等先驅有所區隔，增加了更多服務與功能，結果反而讓使用者覺得複雜難懂，成了不易使用的產物。再加上每一項服務的品質都很低，更新的速度也愈來愈慢，最後當然得不到使用者的支持。

不過，後來有幾家企業踩過泡沫化的殘骸，獲得了成長。例如谷歌（Google）或臉書（Facebook）等後起之秀。

他們做了什麼呢？

他們將目標鎖定在先驅者最有價值的部分，並且單純鑽研該項價值。誠如大家所知，谷歌主打搜尋。因為他們認為雅虎提供的服務項目中，最符合使用者需求的是搜尋功能，隨著他們研發出新的演算法，這項價值也提升到極致。結果，谷歌因此造就了獨樹一幟的差異。

ＬＩＮＥ也是如此。

剛推出時，全球已經有幾個與ＬＩＮＥ類似的服務了，研發企劃的成員也全都調查過。但是他們沒有以追求差異化為目標，而是觀察這些服務的使用情況，反覆思考：「智慧型手機的溝通服務中，使用者最需要的重要價值是什麼？」最後鎖定文字訊息的功能，單純鑽研這個項目。

因此，一味追求與眾不同，只會讓自己平凡無奇。

應該在指標性產品中鎖定使用者最需要的重要價值，並且徹底鑽研那一項價值，如此才能創造出真正的與眾不同。

37

不以「創新」為目標

腳踏實地面對眼前的需求

想要創新突破——

我非常理解這一點。

但是在我看來，以此為目標，就會以自我為中心，不是會離創新愈來愈遠嗎？「想做出新的產品」、「想做前所未有的事」，如果是基於這些理由而使盡全力製作不符合使用者需求的產品，實在毫無意義可言。這不是創新，純粹是自我滿足，只能說是迷失了商業的本質。

這也是我引以為鑑的一點。

我曾經歷過各種失敗，其中一種便是將目標放在比別人快兩步甚至三步的服務，結果慘遭失敗。以下就是我的失敗經驗。

我以前是負責遊戲製作的主管。徹底研究遊戲市場之後，我心想：「今後的遊戲講求的是即時互動。」也就是說玩家在海邊玩電動，遊戲裡就會出現海洋；下雨時，遊戲裡也會開始下雨。我深信這是前所未有的概念，不顧公司內部的反對聲浪，一意孤行。可是推出後使用者反應平平，團隊成員漸漸感到疲乏，我也不得不承認「失敗了」。

基於對未來發展的想像所推行的服務，幾乎都進展得不順利。這是因為太過在意未來，忽略了使用者，變成一個人唱獨腳戲。

我將這個經驗牢記在心。

只專注解決使用者「目前」的需求，這不僅是企業的社會責任，也是提高商業成功機率的方法。也可以說，腳踏實地堅持下去，總有創新突破的一天。

ＬＩＮＥ的商業模式正是如此。

我們是以ＬＩＮＥ提供的溝通服務為主軸，將它發展為結合遊戲、貼圖、電子商務等項目的系統平台。我們建構出來的商業模式，就是讓各種企業運用這套系統平台，藉以提升收益。

在矽谷工作的人對這一點感到非常新奇，或者該說是半信半疑：「這樣行得通嗎？」對他們來說，網路商業的極致就是從廣告收入中獲益。

我當然明白，ＬＩＮＥ的首頁橫幅廣告可以賣錢，可是我們不選擇這個方式，因為它會干擾使用者。ＬＩＮＥ的核心價值是「輕鬆愉快的溝通」，所以我們絕對不能破壞這一點。

於是，員工們挖空心思設計許多服務。

例如贊助商貼圖。我們從客戶企業獲取對價，將企業的吉祥物製成貼圖，並將貼圖免費提供給ＬＩＮＥ的使用者，讓他們在與親朋好友溝通時可以更有樂趣。使用者可以只選擇自己喜歡的貼圖，貼圖也不會像強迫推銷的橫幅廣告那樣擾人，而對企業來說，使用者使用貼圖同樣能達到廣告效果。

如今贊助商貼圖已成長為ＬＩＮＥ公司的主要收益來源之一。當這項商業模式在全球大獲成功，在矽谷工作的人說：「這就是創新。」

但是我們絕對不是以創新為目標，也無意和矽谷唱反調，我們只是單純追求使用者需要的價值而已。將使用者所需的價值鑽研至極限時，我相信一定會出現創新突破。

38

將「品質×速度」發揮到極限

捨棄創作者的自我滿足

品質×速度——

將這個相乘效果發揮到極限，便是讓所有商業獲致成功的鐵則。品質再好的產品，晚一步推出就會錯失獲勝的機會。話雖如此，不管速度再怎麼快，若是品質太差，同樣會降低價值，唯有兩者兼顧，才能創造強大優勢。

然而，這一點很難做到。如果要追求品質，勢必得耗費時間，為了講求速度，品質也得有某種程度的妥協。兩者之間該如何取得平衡？各位是不是也覺得很傷腦筋呢？

近年來，這項課題的重要性與日俱增。對LINE公司來說也是如此，自從智慧型手機問世，市場環境即產生劇烈改變。

在主戰場還是個人電腦的年代，整體來說，產品還能夠堅持以品質為優先。因為當時是搜尋的時代，只要做出好產品並且被搜尋到，支持度就能一點一點的增加。即使起步較晚，還是有機會扳回一城，感覺就像在跑馬拉松。

但是進入智慧型手機時代後，使用搜尋功能的人變得少之又少，再也無法期待可以慢慢擴大支持度。成敗就在一瞬間，推出App的同時，如果不能擠進App商店排行榜前幾名，一切便宣告結束，就在誰也沒有留意的情況下葬身大海。

因此，一切取決於起跑衝刺。一旦落後競爭對手，便很難迎頭趕上。就像從馬拉松變成五〇公尺短跑，絕不容許在速度上妥協，再也不能像個人電腦時代一樣以品質為優先。

既然如此，該怎麼做才好？

我認為，首先要思考的是，品質到底是什麼？

我曾經以工程師的身分參與產品研發。那個時候當然很重視品質，就像工匠一樣講究，不但運用了最新技術，也為了追求最佳品質而不斷改良精進。

然而，我最後真的做出了高品質的產品嗎？我只能說：「NO。」因為使用者不一定會喜歡。不管品質多麼出色、功能多麼多元，如果不符合使用者的需求，它就算是品質不好的產品。到頭來，只不過是製造者的自我滿足罷了，還因此白白浪費時間，犧牲了寶貴的速度。

重點在於瞭解使用者需求的本質，接著排除自我滿足，專心製作符合本質所需的產品。這就是達到以最高速度完成最佳品質的最重要關鍵。

LINE正是如此。

開發LINE的成員，都是擁有最佳技術與見解的員工，只要他們願意，一定能製作出機能性極高的產品，但是他們只為使用者著想。

當時適逢東日本大地震過後，不論男女老幼，每個人都十分重視和親朋好友之間的溝通。我們因此認為使用者需求的本質在於「簡單」、「好用」、「迅速且愉快的溝通」，並決定鑽研這部分，排除所有多餘功能。

就因為如此，我們才能在短短一個半月內完成這項App。成品的品質也相當高，從LINE大受歡迎即可證明這一點。

就商品而言，最重要的便是品質。

但是不可以誤解其中的意義。提升品質的重要關鍵，在於精確掌握使用者需求的本質。專注在這一點的同時，就可以將「品質×速度」發揮到極限。

39

由「設計」主導

以使用的方便性為優先

產品開發大致可分為兩種方式。

一種是技術導向，最具代表性的是谷歌。雖然不知道人們是否需要，但是工程師先行推出自己覺得很有趣的產品，再將其中受好評的部分加以商業化。這是擁有一群頂尖工程師，又有鉅額開發經費的谷歌，才能運用的方法。

另一種是由設計師主導，賈伯斯便是典型的例子。他採用的手法是徹底研究人們需要的價值，並由設計師主導，加以具體化，讓使用者在操作時感到舒適。這種方式可說是以感性為訴求。

ＬＩＮＥ公司採用的是後者。

為什麼？因為網路市場已臻成熟。當市場成熟化，即表示使用者規模會無限擴大，除了熟悉ＩＴ、有「技術宅（geek）」之稱的族群，連不太熟悉ＩＴ的一般大眾也成了使用者。

加速規模擴大的主因是智慧型手機的普及。在筆記型電腦開始普及時，許多經濟學家都預測人手一台個人電腦的時代即將來臨。結果，時代並沒有往這個方向發展。

反倒是智慧型手機實現了這項預測。智慧型手機可以二十四小時隨時連上網路，也能隨身攜帶，可說是一台小型個人電腦。由於簡單好用，現在連平時甚少使用個人電腦的高中女生、家庭主婦、銀髮族，也都人手一台。因此，由設計師主導的產品開發，如果不設計出一般大眾都能輕鬆愉快使用的產品，就不會受到大眾青睞。

事實上，谷歌的服務大多是先在「技術宅」之間流行，再普及到一般大眾。但是ＬＩＮＥ一推出，便在年輕女生間一下子傳開。我相信往後這種現象會愈來愈多。

因此，LINE公司裡，由設計師主導服務開發的案例相當多。優秀工程師的重要性當然也不容小覷，可是由工程師主導，往往會出現功能過多的傾向，他們會忍不住把最新技術或自己擅長的技術加進產品裡。由於工程師的科技素養本來就高，對他們而言已是司空見慣的功能，很可能對一般大眾來說卻是複雜難懂。也就是說，他們有時會遠離使用者的需求。

在這種情況下，設計師即扮演重要的角色。一提到設計師，可能許多人都會以為他們是負責構思美麗版面的人，但這完全是誤解，倒不如說，差勁的設計師才會堅持自己喜愛的外觀。真正優秀的設計師會排除自己的喜好，徹底追求如何讓使用者方便使用。

換句話說，他們擅長刪減功能。首先，將功能縮減到最低限度，只留下幾項不可或缺的功能，而這項作業也是為了確定值得提供給使用者的「價值」本質。接著，根據使用者反覆測試的結果，再追加更簡便好用的功能。

我覺得，日本製造業缺乏活力的原因之一，或許就是陷入偏重技術的迷思。由於以技術為中心思考，所以無法刪減功能，結果製造出不符合使用者需求的產品。

其實日本人應該很擅長刪減。

短歌、俳句、水墨畫……這種徹底刪除不純物質、簡潔表現出本質的方式，正是日本人的美學意識。我想，如果能將技術導向改為設計導向，藉此找回傳統的美學意識，應該能再次活絡日本經濟吧！

40

使用者不會告訴你「答案」

深入瞭解使用者的心聲，再自行思考

提供使用者需要的產品——

這是商業的鐵則。因此，最重要的是將使用者的心聲反映在產品開發上。對企業來說，市場調查、使用者問卷調查固然重要，使用者捎來的客訴，同樣是重要的資產。

不過，這裡有個陷阱。因為使用者不一定瞭解自己真正需要的是什麼，將使用者的反應全盤照收，有時會離使用者的需求愈來愈遠。

日本的製造業總是認真面對使用者的心聲。

並且為了回應使用者的心聲而不斷努力，添加功能、增加產品的種類、排除故障，可說是一步一步登上漫長的坡道，最後創造出世界第一的高品質產品。

但是使用者所反應的，僅僅是對於現有產品的期望與不滿。換句話說，雖然可以為了使用者的需求改良現有產品，但光是如此，實在不可能突破現有產品、激盪出創新的發想。

另一方面，蘋果的創新突破是如何產生的呢？

他們在研發iPod與iPhone時，當然先進行了市場調查。不過，他們不會受制於市場調查的結果，並且在絕不妥協的情況下，完成賈伯斯「想要」的產品，最後製造出前所未有的產品。而使用者也是在用了之後才發覺「這就是我想要的產品」。所謂創新，正是如此。

然而，賈伯斯是天才。一般人就算追求自己想要的產品，也難有像賈伯斯一樣的成績。既然如此，該怎麼做？我認為不應該只聽使用者表面上的心聲，而是要深入探究。

舉例來說，我曾經詢問使用者不再玩某個遊戲的理由。結果絕大多數的人都回答：「玩膩了。」我們隨即思考：「為什麼會玩膩了？」

進一步詢問使用者之後，逐漸瞭解其中原因。雖然表面上是因為玩膩了，但實際上有許多人是因為玩輸了而不想玩，也有人是敗給了花錢買寶物的玩家所以感覺不爽。

如果是這樣，不會讓使用者不愉快的遊戲，是什麼樣的遊戲？我們透過不斷深入探究使用者的心聲，慢慢發現使用者真正的需求，進而產生製作新遊戲的靈感。

LINE的開發團隊過去也針對智慧型手機做過詳盡的市場調查，從中掌握了使用者對於「免費電話功能」、「照片分享功能」的需求。不過，他們反而沒有加入這些功能，只著手提供簡單訊息的服務。

為什麼呢？因為當時智慧型手機才剛普及，加入太多功能的話，會讓還不習慣智慧型手機的使用者感到複雜難懂。因此，他們將核心價值定義為，能夠在藉由電話通訊錄串連起來的實際人際關係中，以最簡單快速的方式交換訊息。而他們努力研究這項價值的結果，就是成功創造出讓全世界人都認為「這就是我想要的」服務。

使用者不會告訴我們真正的答案。

因此，只聽使用者表面上的心聲會走錯路。重要的是深入探討使用者的心聲，自己反覆思考：「使用者真正的需求是什麼？」我認為這就是創新突破的方式。

結語

「我小時候做什麼事情時看起來最快樂？」

年過二十五時，我曾經問母親這個問題。

我那時候正在日本電視台電腦系統部門服務，因為一直在做不喜歡的工作，再加上自己也不很清楚到底想做什麼，使得心情非常鬱悶。

於是，我問母親這個問題。因為她了解當年還沒受到世俗觀點影響、仍像是一張白紙的我，或許能從她口中找出一點蛛絲馬跡。母親回答說：「抓昆蟲。」我聽了之後，頓時想起當時的情景。

我在東京的郊區長大，那是個尚未開發、充滿大自然元素的環境。一到夏天，我整天就在外面跑來跑去抓昆蟲。我喜歡在索餌場尋覓獨角仙、鍬形蟲等昆蟲的蹤跡，不過就算抓到了也不會留下餵養，而是立刻把牠們放走，因為我喜歡在新的索餌場抓新的昆蟲。一回想起來，彷彿也感受到了當時的雀躍心情。

仔細想想，我很喜歡新事物。大學時代玩的雖然是爵士樂，但爵士樂本來就是吸取新元素發展出來的音樂，最具代表性的人物就是邁爾士・戴維斯（Miles Davis）。他結合搖滾、放克等新的音樂，不斷革新爵士樂。我非常嚮往他的人生態度，於是懷著一股想要創作新的音樂的念頭，嘗試自己創作。當時真的很愉快。

回顧過往，我終於明白：

「我只想嘗試新事物。」

從此以後，我一直追尋著新事物。

也因此能在大企業中無懼衝突，勇於挑戰新事業。只要認為有必要，就會拋棄金錢與地位，毅然決然轉換跑道。這種人生態度當然有一定的風險，不過，和放棄自己想要的生活方式相比，這些問題實在微不足道。因為我心想，如果不能過自己想要的生活，臨死前絕對會後悔。

所以我下定決心，往後的人生要做自己想做的事。

人生到頭來，都是「做與不做」的選擇而已。不做決定，就無法前進。雖然不知道這是不是正確的選擇，但是一味煩惱而裹足不前，根本毫無意義，勢必要自行找出簡單的答案，全力以赴嘗試看看。

其中當然也有失敗。

這時候就要找出失敗的原因，記取教訓後迎接下一次挑戰。不要放棄，在反覆嘗試的過程中，一定會離成功愈來愈近。一路上帶著歡笑與淚水，一步一步向前行。我想，所謂活著，應該就是如此吧？

讓人們感到幸福——

我覺得這才是讓商業獲致成功，甚至長久生存的重要關鍵。

這世界是由需求者與供應者構成的生態系統，能提供人們需求的人，才能生存下來。公司也是如此，符合人們需求的產品就會大受歡迎，公司因此鴻圖大展，在裡頭工作的人們也會獲得幸福。因此，讓人們感到幸福，就是讓自己獲得幸福的唯一方法。不管是哪個時代，這一點對人類來說都是不變的本質。

這樣說聽起來或許有些似是而非，但我認為，做自己想做的事、過自己想要的生活，不能以自我為中心，必須經常思考：「人們需要的是什麼？」、「人們感到困擾的是什麼？」並且反覆嘗試錯誤，才能瞭解人們的感受。

因此，先決條件便是順應自己的感性而活。如果單是聽從公司或上司的指示行動，像機械般按照程序工作，只會離人們的感受愈來愈遠。

因為同樣都是人，自己內心深處體會到的，一定和其他人相似。重視自己的心情，就是理解人們感受的第一步。因此，千萬不可以為了適應社會或公司的體系，而在工作方式或人生態度上，選擇壓抑自身的感性。我希望自己往後能全心全意為了人們的幸福而勤奮努力。

同時，我也認為不應該為了管理公司，把員工當物品看待。為了當公司裡的一個齒輪而壓抑自己的人，無法勝任真正讓人們開心的工作。與其如此，不如提供完善的環境，讓擁有高度技術與熱情的員工盡情發揮能力。此外，也要盡可能提高他們的權限，這才是讓公司成長的唯一方法。

教導我這些道理的，便是ＬＩＮＥ公司的員工們。

甚至可以說，我只是配合他們改變公司而已。因為他們將自身的能力發揮到極限，所以才創造出ＬＩＮＥ這項劃時代的服務。我對他們只有無限的感激。

當然也不能忘了感謝喜愛我們服務的使用者。其中雖然也有嚴詞批評，但都是真心為了公司著想才提出的建言，每一句都是我難以忘懷的回憶。

二〇一五年三月三十一日——

我想，該是時候轉換舞台了，因此卸下了ＬＩＮＥ公司社長一職。我心裡沒有任何遺憾，事業已步上成長的軌道，正是放心交棒的大好時機。對於過去擔任社長一職的我來說，實在是無比幸福，再加上新的經營團隊都是比我優秀的人才，以前也都是由他們主導ＬＩＮＥ事業，所以我一點也不擔心，公司一定會比以往有更多的成長。

接下來，我又要去追尋新事物了。

我在四月成立了經營網路影音媒體的C Channel公司，並且開始發布由女性模特兒或藝人介紹的日本時尚、美食、旅遊等流行資訊。我目前正考慮以此為出發點，花一點時間打造新媒體。

說實話，這個領域很難有商機，不過，我覺得這份工作就應該由我來做。因為對資金並不寬裕的年輕人來說，加入這類商務的門檻實在太高。因此這種業務，更要由年長者承擔風險，面對挑戰。

再加上日本面臨的課題是少子高齡化所帶來的衰退。在這種情況下，需要的是創造新產業。如果新媒體能夠成功，極有可能出現新產業。由於日本的媒體從來沒能成功進軍海外市場，所以我躍躍欲試，打算以十年的時間，打造出媲美時代華納（TimeWarner）的國際媒體。

除此之外，我也想善用過往經驗所累積的知識，積極參與支援並培養創業家及新興企業的活動。但願能藉此幫助有幹勁的年輕人，讓他們更加活躍，因為這是活化社會最有效的方法。

當然，這些都不是那麼容易的事。儘管會遭遇困難，我也希望能像過去一樣，帶著歡笑與淚水，一步一步向前行。也希望自己獲得成長的同時，竭盡全力貢獻社會。

再一次從零開始，難免感到不安。

但是未來有無限可能。

我想要為了這份可能性賭上自己。

「追求自己想做的事。」

「努力讓人們開心。」

希望往後的人生，我也能堅持這項簡單的法則。

最後，若是能和閱讀本書的所有讀者一起開拓美好的未來，將是我莫大的喜悅。

二〇一五年五月

森川亮

國家圖書館出版品預行編目(CIP)資料

簡單思考 / 森川亮著 ; 莊雅琇譯. -- 第一版. -- 臺北市 : 遠見天下文化, 2015.10
面 ; 公分. -- (財經企管 ; 567)

ISBN 978-986-320-858-7(平裝)

1.職場成功法

494.35 104020365

財經企管 BCB567

簡單思考

シンプルに考える

作者 — 森川亮
譯者 — 莊雅琇

總編輯 — 吳佩穎
責任編輯 — 吳怡文（特約）
封面設計 — 張議文
內頁版型設計 — Fen（特約）

出版者 — 遠見天下文化出版公司
創辦人 — 高希均、王力行
遠見・天下文化 事業群董事長 — 高希均
事業群發行人／CEO — 王力行
天下文化社長 — 林天來
天下文化總經理 — 林芳燕
國際事務開發部兼版權中心總監 — 潘欣
法律顧問 — 理律法律事務所陳長文律師
著作權顧問 — 魏啟翔律師
社址 — 台北市 104 松江路 93 巷 1 號 2 樓
讀者服務專線 —（02）2662-0012
傳　真 —（02）2662-0007；2662-0009
電子信箱 — cwpc@cwgv.com.tw
直接郵撥帳號 — 1326703-6 號　遠見天下文化出版公司

電腦排版 — 立全電腦印前排版有限公司
製版廠 — 東豪印刷事業有限公司
印刷廠 — 祥峰印刷事業有限公司
裝訂廠 — 台興裝訂股份有限公司
登記證 — 局版台業字第 2517 號
總經銷 — 大和書報圖書公司　電話／(02)8990-2588
出版日期 — 2015 年 10 月 30 日 第一版第 1 次印行
2023 年 02 月 15 日 第一版第 11 次印行

定價 — NT280 元
ISBN — 978-986-320-858-7
書號 — BCB567
天下文化官網 — bookzone.cwgv.com.tw